OBSERVATIONS
GÉOLOGIQUES
SUR LES FAILLES
DU DÉPARTEMENT DE LA NIÈVRE

PAR F. LEFORT

Conducteur des Ponts et Chaussées

A NEVERS

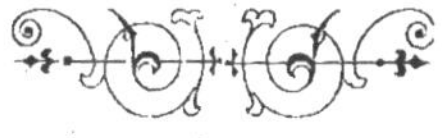

NEVERS

Librairie, Imprimerie MAZERON Frères

1883

OBSERVATIONS
GÉOLOGIQUES
SUR LES FAILLES
DU DÉPARTEMENT DE LA NIÈVRE

PAR F. LEFORT

Conducteur des Ponts et Chaussées

A NEVERS

NEVERS

Librairie, Imprimerie MAZERON Frères

1883

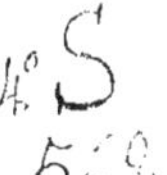

AVANT-PROPOS

Ce Mémoire est l'énoncé de chapitres que je voudrais développer dans un ouvrage plus complet.

Malgré le peu d'étendue de ma brochure, eu égard à l'importance du sujet, son impression aurait encore été ajournée, si je n'avais trouvé le concours généreux de quelques amis de la science et du travail.

La reconnaissance me fait un devoir de leur dédier mon Mémoire.

L'avenir me permettra peut-être d'achever l'entreprise commencée. En tout cas, j'ai planté un jalon dans un sentier encore peu exploré de la science géologique. Je serai récompensé de ma peine si j'ai pu être utile.

Nevers, 20 Octobre 1883.

LEFORT.

OBSERVATIONS GÉOLOGIQUES
SUR LES FAILLES
DU DÉPARTEMENT DE LA NIÈVRE

PREMIÈRE PARTIE

NATURE DES TERRAINS

EXPOSÉ

L'utilité de la science géologique n'est plus à démontrer. Les services qu'elle a rendus justifient le haut rang qu'elle occupe dans les études modernes. Pourtant le département de la Nièvre qui compte tant d'agriculteurs distingués, n'a pas encore été étudié sérieusement sous ce rapport, et de notables erreurs sont encore éditées, même pour ce qui concerne la reconnaissance des gisements.

Je ne connais qu'une seule brochure relativement récente qui donne des renseignements un peu précis sur les terrains de sédimentation de cette contrée. Elle est intitulée « *Études géologiques sur le département de la Nièvre* par Théop. Ebray, 1858-1860. » Elle est complétée par une carte du même auteur en collaboration avec M. Bertera, ingénieur des mines.

Un certain nombre de faits généraux sont révélés par les dessins de M. Ebray. L'épaisseur considérable des terrains enlevés par les courants des âges antiques ; la variété des sédiments qui se succèdent sur des espaces restreints ; enfin l'existence des dislocations ou failles, qui donnent un cachet spécial au sol disloqué, constituent des renseignements intéressants au plus haut degré. Malheureusement, M. Ebray s'est trop hâté de créer les théories qu'il défend ; des lacunes considérables existent dans son ouvrage. Les régions qu'il a observées sont éloignées les unes des autres ; les crevasses sont plus nombreuses qu'il ne le croyait et surtout n'ont pas les directions qu'il leur donne ; la nature des strates offre plus de divisions qu'il n'en suppose. Le système mathématique des interpolations, toujours inapplicable en géologie, lui a fait commettre des erreurs graves. Ce naturaliste, absorbé par les travaux de construction du chemin de fer auxquels il était attaché, est cependant justifiable par le peu de temps dont il pouvait disposer. La manière magistrale dont il traite le sujet, la justesse de ses coupes et de ses observations en maints endroits difficiles, dénotent un géologue consommé.

Il laisse un travail ébauché. J'avais proposé au Conseil général du département de participer au projet d'une étude plus complète de la Nièvre. L'assemblée départementale a jugé qu'il valait mieux attendre la publication de la carte géologique de la France, confiée aux soins de MM. les Ingénieurs des mines. Nous attendrons peut-être longtemps les bienfaits qui résulteraient d'une parfaite connaissance des terrains pour l'hygiène des eaux, l'agriculture et l'industrie.

Quoiqu'il en soit, j'ai pensé devoir dès maintenant, faire part au moins des découvertes que je dois à de nombreuses observations.

Dans les lignes qui vont suivre, je me propose d'envisager les questions géologiques d'une façon toute nouvelle. J'ai l'intention de montrer que dans la Nièvre, et probablement dans tous les pays, il y a des réseaux de dislocations qui appartiennent chacun à une époque spéciale et sont dus à des soulèvements ou à des affaissements brusques. Il n'existe pas de crevasses suivant des directions de lignes brisées ou s'irradiant comme les cassures d'un morceau de glace étoilé par un choc. Un grand nombre de fractures très rapprochées divisent le sol en un vaste damier, dont chaque case est un monolithe séparé de ses voisins par les fentes des dislocations.

Les géologues modernes, tout en reconnaissant l'utilité des coupes architectoniques du sol, n'en ont pas fait encore l'objet d'études assez spéciales et assez suivies. Même aujourd'hui, on se borne à reconnaître les affleurements, à décrire leur aspect pétrographique et quelquefois à mesurer la hauteur de chaque assise. Cette méthode incomplète ne conduit pas à des applications utiles. Pour ce motif, les cartes éditées jusqu'à ce jour par l'Administration chargée de la description géologique de la France, ne donnent, ni au carrier l'orientation suivant laquelle doivent s'effectuer les extractions de la pierre à bâtir, ni au cultivateur les renseignements réclamés par lui pour connaître la nature de l'engrais qui rendra ses champs fertiles, ou pour rechercher l'eau potable qui fait très souvent défaut dans les massifs sulfureux. Cependant à proximité d'une eau mauvaise, on trouve facilement l'eau saine dans les éboulis des crevasses ou la filtration naturelle a enlevé les principes délétères.

La puissance des sédimentations qui sont contemporaines offre tant de variations d'un point à un autre, leur aspect extérieur est si changeant, que des indications superficielles sont d'ordinaire applicables seulement à une partie très restreinte de la localité étudiée. Des dénudations considérables ont été la conséquence des courants qui ont balayé le sol à toutes les époques ; les gaz émanant des ouvertures des failles ont métamorphisé certaines roches sur leur passage ; enfin des exhaussements ou des affaissements ont empêché les dépôts du même âge d'avoir la même nature minéralogique ou la même épaisseur.

Il faut étudier spécialement les dislocations pour voir ces faits ; elles seules permettent d'entrevoir les causes mises en jeu par la nature. Une carte géologique sera utile à l'industrie des mines ou des carrières, à l'agriculture, ou à la connaissance des eaux souterraines, dans la proportion seulement des renseignements qu'elle fournira sur le nombre et la direction des failles, ainsi que sur le sens des inclinaisons des couches auxquelles des mouvements de bascule ont successivement donné des pentes plus ou moins accentuées.

Les pages suivantes auront donc un double but : attirer l'attention sur un pays encore peu étudié, et mettre en relief la nécessité de connaître les dislocations du sol avant de bâtir les théories cosmogniques.

En ce moment, en effet, la géognésie est édifiée sur des théories systématiquement préconisées, bien qu'elles dérivent d'observations encore insuffisantes. Aucune science ne s'appuie d'avantage sur l'hypothèse ; aucune cependant n'a eu plus de hardiesse pour résoudre les problèmes les plus difficiles comme les plus importants : l'origine des êtres, la cause des mondes, la prédiction des phases par lesquelles doit encore passer la terre, même après que l'homme aura disparu de sa surface.

NOMENCLATURE DES TERRAINS

Malgré le peu d'étendue que je veux donner à cet opuscule, avant d'entrer en matière, je me crois forcé de rendre compte des termes que j'emploie, de donner la liste des terrains qui figurent sur mes dessins et de justifier les divisions de mes horizons géologiques.

En thèse générale, j'adopte le théorie d'Alcide d'Orbiguy et sa nomenclature (*cours élémentaire* de Paléontologie, 1852). En renvoyant à cet auteur, je me dispense de fournir des détails toujours très longs et qui sont donnés par lui d'une façon plus parfaite que je ne saurais le faire. Je me borne à dire que ce maître divise les matières solides dont se compose l'écorce terrestre en deux grandes sections :

Les terrains azoïques, c'est-à-dire n'offrant aucune manifestation de la vie.

Les terrains sédimentaires, c'est-à-dire résultant de dépôts par les eaux et peuplés d'êtres organisés.

Je n'aurai à parler que de ces derniers.

Ceux-ci, sont subdivisés à leur tour, par le savant professeur en 28 étages qu'il distingue les uns des autres par une faune spéciale et différente de la faune des étages inférieur et supérieur. D'Orbiguy en conclut naturellement qu'il y a eu autant de créations successives.

Les fossiles que j'ai réunis me permettent de fournir des preuves à la fois positives et négatives de cette assertion. Je réserve cette discussion pour un travail plus complet.

Dans le tableau qui va suivre, j'ajouterai à la nomenclature orbignyenne, l'indication des synonymes actuellement usités. Le lecteur peu familiarisé avec la géologie, pourra plus facilement, établir des comparaisons avec les autres publications du même genre.

TABLEAU DES TERRAINS SÉDIMENTAIRES

PAR ORDRE DE SUPERPOSITION STRATIGRAPHIQUE

ÉPOQUE	TERRAIN	ÉTAGE	SYNCHRONISME DES AUTEURS
PLIOCÈNE et actuelle	CONTEMPORAIN et QUATERNAIRE	Contemporain et Subapennin	Depuis la création de l'homme jusqu'à nos jours, c'est-à-dire, le pliocène à l'origine, plus tard l'âge glaciaire et pluviaire dont le paroxysme fut le déluge, enfin les temps actuels.
MIOCÈNE	TERTIAIRE	Falunien	Sous étages Tortonien, Helvetien et Mayencien.
Oligocène ou Miocène inférieur		Parisien	Sous étages Aquitanien, Tougrien, Ligurien, Bartonien, Lutetien.
EOCÈNE		Suessonien	Sous étages Ypresien, Sparnacien, Mauduuien.
CRÉTACÉE	CRETACÉ	Danien	Sous étages Garumnien et Maestrichtien.
		Turonien	Sous étages Angoumien et Ligerien.
		Senonien	Craie tufeau, Craie blanche.
		Cenomanien	Craie chloritée, sous étages Carentonien et Rhotomagien.
	INFRA-CRETACÉ	Albien	Gault.
		Aptien	Sous étage Rhodanien.
		Neocomien	Comprend Urgonien ou Neocomien supérieur et Neocomien proprement dit.
JURASSIQUE	OOLITHIQUE	Portlandien	Comprend supérieurement les couches lacustres de Purbeck — Portland-Stone.
		Kimmeridgien	Sous étages Bolonien, Virgulien, Pterocérien, Sequanien.
		Corallien	Coral-rag; sous-étages Diceratien et Glypticien.
		Oxfordien	Comprend comme zône supérieur l'Argovien et comme horizon inférieur l'Oxford-Clay.
		Callovien	Kelloway-rock.
		Bathonien	Comprend 5 zônes superposées comme suit: Corn-brash, Bradford-clay, Forest-marble, Great-oolit, Fullers-earth ou Terre à foulon.
		Bajocien	Dogger — Calcaire à introques.
	LIASIQUE	Toarcien	Lias supérieur.
		Liasien	Lias moyen — Marly Sandstone.
		Sinémurien	Lias inférieur, comprend 3 zônes superposées dans l'ordre suivant: Sinemurien ou lias à gryphées arquées, Hettangien ou infralias, Rhetien ou grès infraliasiques.
TRIASIQUE	TRIASIQUE	Saliferien	Keuper; marnes irrisées; marnes gypsifères.
		Conchylien	Muschelkalk — Grès bigarrés.
PALÉOZOIQUE	PÉNÉEN	Permien	Grès rouges — Zechstein.
	CARBONIFÈRE	Carboniferien	Terrain houiller.
	PRIMITIF	Devonien	Vieux grès rouges — Old Red Saudstone.
		Silurien	Comprend 2 zônes superposées: Murchisonien ou Silurien supérieur et Cambrien ou Archéen.

La plupart de ces horizons se rencontrent dans le département. Ils y sont assez bien représentés. Quelques-uns même y sont mieux développés que dans d'autres contrées, regardées comme caractéristiques.

Entre chaque étage, se trouve une couche transitoire qui forme la zône de passage d'un étage à l'autre et appartient par sa faune à tous les deux. Lorsqu'un violent cataclysme accompagné d'émanations délétères vomies par les failles avait détruit tous les êtres vivants, les premiers cadavres de la création nouvelle se déposaient au fond des mers sur l'ancien état de choses. Les courants, les érosions mélangaient ensemble les animaux et les plantes des deux périodes, et cela, sur des hauteurs d'autant plus considérables, que le balayage des roches de l'étage sous-jacent était causé par des bouleversements plus prononcés.

La sédimentation de la couche transitoire, dans l'état ou nous la trouvons aujourd'hui a eu lieu à l'origine de la formation supérieure; mais les fossiles de l'étage subordonné peuplent ces strates nouvelles. Il serait puéril de vouloir classer cette période, dans l'un ou l'autre horizon, d'après l'abondance des êtres typiques d'un niveau plus bas ou plus élevé.

En présence des hypothèses toutes gratuites du système d'évolution des êtres, l'idée des créations successives de d'Orbigny, a dans l'état imparfait de nos connaissances géologiques, toutes les preuves que peut réclamer la raison. Sans prétendre que ce système soit à l'abri de modifications, on peut l'admettre comme très satisfaisant aujourd'hui. Enfin, et ce n'est pas son moindre avantage, il est le plus simple et le moins chargé de termes; tandis que les méthodes modernes augmentant chaque jour le vocabulaire de la langue scientifique déjà si barbare, éreintent la mémoire la mieux organisée.

Afin d'abréger les indications ultérieures qui accompagnent la description des failles, je vais aussi succinctement que possible donner le facies pétrographique des strates de chaque terrain. J'y ajouterai la liste des fossiles recueillis par moi-même, et déterminés avec le plus grand soin. J'ai retranché soigneusement les espèces douteuses ou rares. Je ne suis pas partisan des amoncellements de coquilles dont la provenance ou l'espèce ne sont pas rigoureusement connues. J'ai préféré réduire ma collection à trois ou quatre mille échantillons bien caractérisés, plutôt que d'entasser des fossiles les uns sur les autres pour le seul plaisir des yeux, sans aucune utilité au point de vue scientifique.

Naturellement, je passerai sous silence les étages dont les assises n'ont pas été déposées dans les mers dont l'ancien lit forme le sol de notre contrée, ou bien ont été balayées par les courants, sans laisser de traces importantes.

ÉTAGE CONTEMPORAIN & SUBAPENNIN

D'Orbigny avait divisé ces deux horizons. La période subapennine fournit un grand nombre d'espèces qu'on croyait éteintes de son temps. Les explorations récentes du navire français *le Travailleur*, en 1880, sous la direction de M. Milne-Edward ; les sondages des expéditions anglaises *du Vallorus* et *du Challenger* continués de 1873 à 1876 à travers l'Océan atlantique et l'Océan pacifique, ont permis de retrouver vivants au fond des mers, la plus grande partie des mollusques caractérisques du pliocène. La faune n'a donc pas été renouvelée à la fin de cette période. On peut établir des divisions chronologiques, mieux que dans les âges précédents, parce que les temps sont plus rapprochés de nous et mieux étudiés, mais on ne saurait trouver motif à conserver deux noms d'étage. On dérogerait au principe posé plus haut qu'un étage est la succession des sédiments déposés pendant le temps plus ou moins long, durant lequel une même faune a vécu.

On sait que la période à laquelle on a donné le nom de quaternaire coïncide avec l'âge pluviaire ou glaciaire, (car ces deux désignations sont tout un dans l'état de nos connaissances actuelles) et se trouve après l'époque subapennine ou pliocène. La conclusion naturelle, est que l'apparition de l'homme sur la terre, remonte seulement à l'origine du pliocène et que le déluge biblique est le paroxysme de l'âge pluviaire.

Les traditions et les écrits des anciens- fournissent à cette dernière assertion de nombreuses preuves que l'abbé Hamard a rassemblées dans une brochure intitulée « *Études critiques d'archéologie préhistorique*, 1880. » Il n'entre pas dans mon plan de développer cette question intéressante qui sera mieux traitée dans un ouvrage plus étendu.

Quoiqu'il en soit, les dépôts pliocènes ou diluviens couvrent de grands espaces dans le département, mais jamais ils n'ont une forte épaisseur. Ils forment de vastes îlots discontinus et ne se rattachant pas entre eux. Nulle part, ou rarement, on voit superposées les formations qui se distinguent par la provenance des matériaux dont elles sont composées. Le déluge pendant lequel les eaux s'élevèrent au-dessus du niveau des plus hautes montagnes donna lieu a des courants dévastateurs qui balayèrent la surface de notre contrée et transportèrent vers le sud-est les roches érodées. Ce qui reste aujourd'hui, témoigne seulement du passage de ces torrents immenses.

Au nord du département, on trouve roulés les cailloux de la craie senonienne et de gros poudingues empâtés dans une argile ferrugineuse qui rend stériles les hauteurs situées entre Tracy et Neuvy. Les poudingues si abondants dans le Loiret, ne s'avancent guère au-delà de Saint-Andelain. Les cailloux de la craie blanche moins volumineux ont été transportés jusqu'à Rouy. Les dépôts que nous avons actuellement sous les yeux sont vraisemblablement le résultat des remaniements effectués par les derniers courants du déluge en décroissance.

Vers Moulins-Engilbert, l'administration des ponts et chaussées utilisait en 1868, pour l'empierrement des routes, des amas de cailloux provenant du coral-rag et très abondants dans les bois de Chargeloup. J'en ai extrait des fossiles caractéristiques ;

Hemicidaris crenularis (Agassiz) ; Hobectypus corallinus (d'Orb.) ; Echinus perlatus (Cotteau).

Autour de Nevers et dans les forêts du centre du département, d'autres cailloux roulés, renferment communément les empreintes des coquilles typiques de la partie supérieure du Kelloway-rock. Ce sont évidemment des dépôts diluviens, mais peu altérés. Ils n'ont pas été transportés loin de leur origine. Si on observe le facies sablonneux sous lequel se présentent quelquefois les assises supérieures de l'étage callovien, on peut mettre sur le compte des pluies seules, l'entraînement des molécules tenues du sablon. Les silex sont restés sur place ou ont été charriés à peu de distance. On voit très bien au bois de Faye et dans les caves du hameau de Veninges près Nevers, les mêmes silex en place et formant des cordons bien stratifiés au travers des graviers blancs du massif. Ils contiennent principalement et très abondamment :

Dysaster ellipticus (Agassiz) : Mitylus gibbosus (Sow.) ; Pecten fibrosus (Sow.).

De gros blocs de quartz jaunes gisent sur certaines hauteurs, à Vrille près Guérigny, aux Montapins sur la route de Nevers à Marzy et en maints endroits. Ils contiennent les coquilles des lacs tertiaires du plateau central.

Lymnea longiscata (Brongniart) : Planorbis rotundatus (Brongniart) ; et aussi des sporanges de graines d'une plante de la famille des Naïades, Chara médicaginula.

Ces mêmes pierres intercalées entre 2 couches sableuses, fournissent à La Fermeté la pierre meulière, dont le gisement a environ deux mètres d'épaisseur. La roche caverneuse, n'est plus sous cette forme, que le squelette siliceux des strates lacustres, dont le calcaire a été dissous par les émanations acides des failles du dernier cataclysme.

Ailleurs, des sables isolés contiennent des restes d'animaux de race éteinte, comme à Boisgibaud près Tracy. Les filières de certaines carrières sont remplies d'argile apportée par les courants avec des ossements de mammifères du pliocène. J'ai rapporté de Champvert des dents et des os appartenant aux genres *Mammouth ou Elephas primigenius ; Equus caballus; Cervus, etc.*

Tous ces dépôts, de provenances diverses, sont le résultat des érosions diluviennes. Ils appartiennent à l'étage contemporain par le remaniement auquel ils ont été soumis en dernier lieu.

Je ne parle pas des silex plus ou moins taillés par l'homme et qui se trouvent partout à la surface du sol. Rien d'étonnant qu'on ne trouve les traces d'une industrie vieille comme Adam, et qui s'est conservée florissante jusqu'à nos jours, puisqu'au témoignage du savant Mariette Bey, actuellement encore, les barbiers d'Abydos exercent leur art avec des éclats de cailloux. Les collections de ces instruments bruts ou polis intéressent l'archéologie mais ne sont d'aucune utilité pour la géologie.

La preuve de l'impossibilité d'un système évolutionniste des êtres et celle non moins certaine de la création de l'homme avec la faune actuelle, à l'origine de la période pliocène, détruisent toutes les théories modernes sur les archetypes humains.

Le creusement des vallées de nos cours d'eau modernes appartient également à l'âge pluviaire. Je montrerai plus loin que les crevasses du sol n'ont pas l'orientation des vallées. Les fentes des dislocations traversent tout aussi bien les montagnes que les parties basses des plaines.

Évidemment les thalwegs actuels ont été creusés sur un sol nivelé par les courants à l'époque du dernier cataclysme. Les ouvertures béantes des fractures avaient été comblées par les éboulis, quand les premiers torrents quaternaires tracèrent leurs lits, suivant les lois de la pesanteur, en approfondissant simplement les vallons existants. Généralement les rivières ne se sont pas installées de préférence dans les régions plus fracturées, ou les matériaux plus meubles, rendaient plus facile le travail de l'érosion.

ÉTAGE PARISIEN

Les terrains précédents ont un facies qui les fait distinguer facilement. Les matériaux sont toujours roulés. Leur stratification est ordinairement confuse ; leur épaisseur n'est pas en rapport avec leur altitude. Ils reposent indifféremment sur toutes les autres formations.

Les premiers dépôts qui leur succèdent dans la Nièvre, sont attribuables au Miocène inférieur. Je n'ai pas encore trouvé traces du Miocène supérieur. Du reste, je suis porté à croire que ces deux horizons séparés aujourd'hui par de simples observations stratigraphiques, seront peut-être réunis plus tard en un seul étage que caractérisera une faune non renouvelée. En tout cas, les dépôts miocènes surtout ceux supérieurs sont irréguliers, restreints, discontinus et dépourvus de ces grands caractères qui permettent de distinguer un étage dans le sens que je donne à ce mot. On peut voir des phases successives, mais je crois que des études sont encore nécessaires à l'éclaircissement de cette question. Nous n'avons aucune idée de la durée de chacune des époques géologiques. La puissance des sédiments n'est certainement pas en relation avec le nombre des siècles.

Quoiqu'il en soit, ce qui est certain, c'est l'absence dans notre pays de la faune marine du miocène, Les êtres dont on retrouve les restes n'ont d'analogues aujourd'hui que dans les espèces fluviales ou terrestres.

Deux formations ou niveaux peuvent être distingués dans l'étage parisien de la Nièvre.

1° Zône Aquitanienne

Des alternances de marnes et de pierres blanchâtres bien stratifiées constituent le sol des bords de la Loire depuis Champvert jusqu'aux roches schisteuses du Morvan et s'étendent fort loin dans le sud. Leur épaisseur dépasse 50 mètres à Devay et à Cercy-la-Tour. Un puits creusé à Bidelon non loin de Charrin, a fait constamment retrouver les mêmes assises jusqu'à 35 mètres. La puissance semble diminuer en approchant des roches jurassiques vers le nord, ce qui justifie l'idée d'un grand lac dans lequel les cours d'eau charriaient les cadavres des animaux terrestres. Les marnes exploitées à Brain, ont permis à M. Boigues d'obtenir de nombreux ossements d'Anthracotherium magnum. J'y ai recueilli :

Deux dents de crocodilus Rollinati (Gray) ; deux métacarpes d'Acerotherium lemanense (Geoffroy).
Plusieurs morceaux de maxillaires armés de leurs dents du Dremotherium Feignouxi (Geoffroy).

Dans les marnières de Lamenay j'ai trouvé, moi aussi, les restes de l'Anthracotherium magnum et un fragment de mâchoire

D'Acerotherium pleuroceros (Kaup.).

Les strates exploitées à La Roche, près Verneuil, m'ont fourni :

Helix Ramondi (Marcel de Serres) ; Helix Moroguesi (Brongniart) ; Cyclostoma elegans-antiquum (id.).

Mais, c'est surtout à Vitry-sur-Loire que le calcaire à hélices est remarquablement favorable à l'étude du paléontologiste, par l'abondance de l'helix Moroguesi (Brongniart) ou Ligériensis.

On a dans ces couches l'équivalent certain des terrains tertiaires de Créchy, près Saint-Germain-des-Fossés, d'Auvergne et du Cantal. Le lac du plateau central se terminait au nord par une dépression que marque encore la vallée du Bazois.

Actuellement on désigne cette période de l'horizon miocène par le nom d'Aquitanienne. Le calcaire de Beauce est de ce niveau.

2° Zône Bartonienne

D'autres calcaires lacustres bien distincts des précédents par leur aspect pétrographique sont observés sur beaucoup de points. Ils affleurent sur les deux rives du fleuve entre Cosne et Sancerre et occupent de grands espaces dans le Loiret entre Gien, Neuvy, Briare, Châtillon et Bonny. Ils se montrent au sommet des Montapins à l'ouest de Nevers, à Vrille près Guérigny, à Saint-Ouen, à Béard, à Saint-Parize-le-Châtel, etc. La roche tantôt dure et silicieuse fournit de bons pavés comme à Châtillon et Briare, tantôt plus tendre comme à Béard, ne donne plus lieu à aucune exploitation. Sur certains points le carbonate de chaux a disparu complètement. Ce cas se présente toujours pour les matériaux roulés de la période quaternaire. On n'a plus alors que de gros cailloux compacts et jaunâtres comme à La Loge, entre Nevers et Marzy, ou à Vrille, sur la route de Guérigny à Poiseux, ou bien des meulières caverneuses comme à La Fermeté.

Dans le sud du département, à Gannay, Lucenay, Cossaye et même Saint-Pierre-le-Moûtier, où on en voit encore des vestiges, le même niveau est accusé par des marnes pyriteuses, d'un bleu noirâtre, empâtant des blocs de travertin très confusément stratifiés et appelés calcaires à phryganes, du nombre immense des fourreaux des larves de ces insectes dont la pierre est formée. Des cristaux de gypse translucide s'y rencontrent communément. On voit également des tubes assez longs, creux, bien cylindriques de concrétions calcaires. La surface des blocs est mamelonnée par un revêtement calcaire semblable à celui dont les fontaines pétrifiantes montrent la formation. Le relief singulier de ce concrétions fait penser à des eaux tombant en cascades.

Le facies pétrographique des marnes bleues est assez semblable à celui des argiles liasiques des étages toarcien et liasien, mais pendant que ces dernières révèlent à peine quelques traces de carbonate de chaux, les premières en accusent 60 ou 65 pour cent.

Une animalisation spéciale caractérise cette zône. Malgré la diversité du facies pétrographique, on recueille partout et communément :

Lymnea longiscata (Brongn.) ; pyramidalis (Brard).
Planorbis rotundatus (Brongn.)
Paludestrina pusilla (d'Orb.), ou Bithynia pusilla (Desh.))

J'ai trouvé à Béard, au fond des fossés du chemin de fer, sous le village même, une dalle lumachelle pétrie de moules de coquilles paraissant des espèces nouvelles, au dire de M. Tournouer auquel je les avais communiquées, mais qui est mort soudainement avant de me les avoir déterminées. Avec le *Planorbis planulatus* (Desh.), j'y ai recueilli des *Helix, Cyclas, Pupa*, dont les types ne se trouvent pas autour de Paris.

Dans les marnes qui accompagnent le calcaire à phryganes, j'ai ramassé des ossements d'oiseaux de la famille des échassiers ; une vertèbre caudale de cet animal intermédiaire entre l'ours et le chien que Lartet appelle *Amphycion* ; des restes de la loutre nommée *Lutrictys* ou *Lutra Valetoni* (Geoffroy Saint-Hilaire) ; une grande partie du squelette d'un castor à crâne étroit, *Steneofiber Viciasensis* (Gervais).

A Torteron, près Fourchambault, le minerai de fer en grains, dit du Berri, est exploité sous les dalles à Lymnées. Ce même minerai, abondant dans nos forêts, forme de longues traînées le long des lèvres des failles. Il est le résultat des éruptions ferrugineuses ayant eu lieu avant la sédimentation lacustre. Le métal à l'état de peroxyde de fer s'est déposé par couches concentriques autour d'un point d'attraction qui est souvent un petit grain de sable. On donne à ce niveau le nom, communément adopté, de terrain sidérolithique.

Dans l'Auvergne et ailleurs on a reconnu que la zône à Planorbes et Lymnées se trouve sous celle à Helix Ramondi et on la classe dans le sous-étage Bartonien ou Travertin inférieur. Je n'ai pas vu dans la Nièvre le contact des deux horizons. Leurs affleurements séparés par des terrains plus anciens ne sont pas superposés.

ÉTAGE SENONIEN

Le sol du département ne montre aucune trace de l'Eocène, non plus, que de la partie supérieure des terrains crétacés, à laquelle d'Orbigny donne le nom d'étage Danien.

La craie blanche manque également à l'état calcaire. Seuls, des cailloux plus ou moins roulés et de provenance certainement sénonienne, couvrent de grands espaces entre Neuvy, Saint-Andelain et jusqu'à Rouy. Leur mise en place en cet état m'a fait ranger l'époque du dernier remaniement de ces matériaux. dans l'étage quaternaire.

Toutefois, Ebray dit avoir remarqué près de Sancerre une succession de strates confuses, et composées de cailloux de moins en moins roulés à mesure qu'on avançait en profondeur. Ce témoignage conduit à admettre l'existence primitive de l'étage, dont les érosions ont enlevé les couches facilement décomposables par la seule action des pluies.

L'origine des silex remaniés est mise hors de doute par les fossiles nombreux qui y sont renfermés. J'ai ramassé entre autres :

Inoceramus impressus (d'Orb.).
Micraster cor-anguinum (Agassiz).
Echinoconus hemisphœricus (Breynius) ; vulgaris (Brug.).

Aux Montapins, près Nevers, se trouvent des terres plastiques utilisées pour les faïences du pays et subordonnées aux blocs de cailloux lacustres. La petite quantité de fer qu'elles contiennent est la cause de la couleur rouge prise par la pâte pendant la cuisson. Je n'y ai jamais découvert aucun reste animal ou végétal. Leur position stratigraphique me fait seule conjecturer que leur provenance pourrait bien être sénonienne. Suivant cette hypothèse, elles auraient été charriées dans une dépression, avant l'âge miocène.

ÉTAGE CENOMANIEN

Ebray classe dans l'étage Turonien les marnes terreuses blanches, sur lesquelles reposent les silex de la craie tuffeau. Je ne vois aucune raison justificative de cette assertion. J'ai vu dans ce niveau, à La Roche, à Tracy et ailleurs, des mollusques exclusivement cénomaniens :

Turrilites costatus (d'Orb.).
Nautilus fleuriausianus (d'Orb.).
Janira quinquecostata (d'Orb.).
Ostrea columba (Desh.).

On peut étudier les marnes entre Neuvy et Annay, et sur la rive gauche du fleuve en amont de Bannay. Les mêmes couches occupent la rive droite à Port-Aubry, près Cosne. Leur puissance semble varier de 15 à 20 mètres.

Des assises crayeuses tendres leur succèdent ; elles forment les bancs de moellons des carrières de Neuvy et d'Annay. Deux ou trois bancs assez baumards paraissent légèrement sableux. Inférieurement les épaisses strates des pierres de taille sont supportées à leur tour par un massif d'argile verte de 3 ou 4 mètres de hauteur.

Les pierres de taille contiennent fréquemment des nodules de pyrite de fer en longues aiguilles jaunes, que les ouvriers prennent pour du cuivre.

C'est seulement dans les gros bancs qui surmontent l'argile verte, qu'on rencontre ces grains verts de silicate de fer appelés scientifiquement ripidolithes, mais plus communément chlorites d'où le nom de craie chloritée à l'étage.

On voit peu ou point de cailloux. La silice moins abondante ici que dans le même niveau de la Touraine, empêche aux pierres de Neuvy de durcir à l'air par la cristallisation du quartz.

On peut faire ample récolte de coquilles dans la craie, tandis que je n'en ai jamais vues dans l'argile de la base. Les bancs de baume entre les marnes et la pierre de taille sont surtout fossilifères. Les échantillons convenables sont toutefois difficiles à obtenir. La coquille adhère à la pierre et la fragilité de la craie en même temps que le peu de solidité du test de l'animal, sont des obstacles vis à vis desquels il faut beaucoup de temps et de patience.

Je cite de ce niveau :

Nautilus elegans (Sow.) ; fleuriausianus (d'Orb.) ;
Ammonites mantellii (Sow.) ; Gentoni (Brongn.).
Turrilites tuberculatus (Bosc) ; costatus (d'Orb.).
Trigonia spinosa (Park.).
Lima subabrupta (d'Orb.) ; semi-sulcata (Sow.).
Inoceramus striatus (Mantell.) ; labiatus (Schloth.).
Pecten elongatus (Lam.) ; orbicularis (Sow.) ; galliennei (d'Orb.).
Janira quinquecostata (d'Orb.).
Spondylus striatus (Goldf.).
Ostrea carinata (Lam.) ; columba (Desh.) ; conica (d'Orb.) ; haliotidea (d'Orb.).
Rhynchonella compresssa (d'Orb.) ;
Terebratula biplicata (Defrance).

Les gros bancs du fond des carrières bien visibles au pied de la butte cenomanienne sur laquelle s'élève l'église de Tracy contiennent moins de fossiles ; les animaux les plus communs diffèrent de ceux que je viens d'énumérer, ce sont :

Ammonites varians (Sow.) ; falcatus (Mantell.) ; rhotomagensis (Lam.).
Turrilites Scheuchzerianus (Bosc.) ; Desnoyersi (d'Orb.).
Pleurotomaria mailleana (d'Orb.).
Pecten asper (Lam.).
Cidaris vesiculosa (Goldf.).
Holaster carinatus (d'Orb.).
Siphonia costata (d'Orb.) ; pyriformis (Sow.).

J'ignore si cette dernière particularité est spéciale à notre contrée. En tout cas, je n'y attache d'autre importance que celle de faciliter les recherches des amateurs de paléontologie.

L'étage cenomanien est le premier qu'on rencontre bien stratifié. Aussi, une couche transitoire très caractérisée le sépare de l'étage sous-jacent. Cette couche d'une épaisseur de 20 à 30 centimètres est un lit de graviers phosphatés très fossilifère et formé à l'origine de la période cenomanienne avec les matériaux arrachés aux strates du gault.

Une liste des fossiles de ce niveau, avec séparation de ceux qui appartiennent à chaque création, justifiera singulièrement cette assertion importante, sur laquelle est basée la théorie d'Alcide d'Orbigny.

ÉTAGE CENOMANIEN

Nerinea regularis (d'Orb.).
Neritopsis pulchella (id.).
Pleurotomaria formosa (Leymerie).
Turbo goupilianus (d'Orb.).
Rostellaria mailleana (id.).
Panopea astieriana (id.); elatior (id.).
Corbula elegans (Sow.).
Opis elegans (d'Orb.).
Crassatella Guerangeri (id.).
Cyprina Ligeriensis (id.).
Trigonia crenulata (Lam.); spinosa (Parkinson).
Cardium hillanum (Sow.); productum (id.); carolinum (d'Orb.); moutonianum (id.).
Arca pholadiformis (d'Orb.); mailleana (id.); taillebourgensis (id.); ligeriensis (id.); passyana (id.).
Lima Reichembachii (Geinitz) ; galliennei (d'Orb.) ; subconsobrina (d'Orb.); subabrupta (id.); simplex (id.) ; carinata (Munster).
Janira æquicostata (d'Orb.); quinquecostata (id.).
Ostrea columba (Desh.); carinata (Lam.).
Cœlosmilia sulcata (d'Orb.).

ÉTAGE ALBIEN

Nautilus Clementinus (d'Orb.).
Ammonites Delucii (Brong.); inflatus (Sow.); cristatus (Deluc); splendens (Sow); puzozianus (d'Orb); tuberculatus (Sow.); fissicostatus (d'Orb); Hugardianus (d'Orb);Bouchardianus (d'Orb); denarius (Sow.): varicosus (id.); archiacianus (d'Orb.).
Hamites rotundus (Sow.); virgulatus (d'Orb).
Turrilites Hugardiana (id.).
Avellana Clementina (id); incrassata (id.).
Natica Dupinii (Leymerie); Rauliniana (d'Orb.); gaultina (d'Orb.).
Trochus conoideus (id.).
Pleurotomaria Rhodani (id.).
Panopea plicata (id.); Constantii (id.).
Periploma simplex (id.).
Venus Vibrayeana (id.).
Opis Hugardiana (id.); subaudiana (id.).
Astarte bellona (id.).
Crassatella rotundata (Pictet).
Cyprina Ervyensis (d'Orb.).
Trigonia aliformis (Parkinson).
Cardium Dupinianum (d'Orb.).
Arca fibrosa (id.).
Mitylus albensis (id.).
Lima parallela (id.).
Plicatula radiola (Lam.).
Terebratula Dutempleana (d'Orb.)·
Rhynchonella sulcata (id.).

En outre beaucoup de bois fossile ainsi que des dents de : Lamna contortidens (Agass.) et Oxyrhina subinflata (id.).

La théorie de l'évolution des êtres ne peut prévaloir contre l'autorité de ces faits. Aussi, tôt ou tard, les hypothèses systématiquement prônées de nos jours tomberont devant cette évidence.

Je pourrais faire les mêmes observations à chacune des couches de passage dont j'aurai à parler dans la suite. Afin de ne pas sortir du cadre, dans lequel je veux restreindre ce travail, je me borne à signaler, une fois pour toutes, que les résultats sont identiques.

L'agglutination des cailloux du gravier phosphaté donne lieu à la formation de blocs assez gros, dans lesquels le test des coquilles a été préservé de la dégradation produite par le charriage. Malheureusement, ces pierres très dures exigent de violents coups de marteau pour être cassées, et on retire la plupart du temps des échantillons brisés.

On voit affleurer l'argile glauconieuse et le cordon des graviers phosphatés dans les talus de la route nationale, en aval du domaine des Cadoux.

On a exploité les phosphates aux Brossiers près La Celle. L'usine de Cosne a abandonné ce gisement, à cause des frais du découvert qui augmente par suite de l'inclinaison de la couche. Elle tire actuellement ses phosphates dans le Cher, à Assigny, où ils affleurent avec les mêmes caractères que dans la Nièvre.

ÉTAGE ALBIEN

Le gault ne commence réellement qu'avec les sables rouges et ferrugineux qui portent les phosphates et dont les affleurements sont visibles aux Brossiers et aux Pleds. Les sables exploités dans les talus de la route nationale entre Le Cadou et Les Brocs sont remaniés, et présentent, mélangés dans une large fente de crevasse, les éboulis des couches sableuses des deux parties supérieures de l'étage albien.

Sous les sables rouges, sont d'autres sables blancs très micacés qui constituent les terrains des hauteurs dominant le village de La Celle-sur-Loire. L'usine de Fourchambault les fait exploiter à La Mivoie près Saint-Satur. Je n'ai vu trace de fossiles d'aucune espèce dans ces zônes.

Immédiatement après sont des argiles jaunâtres à la surface exposée aux intempéries atmosphériques, mais d'un bleu foncé dans les profondeurs, comme l'attestent les terres sorties des puits à La Celle et à Myennes. Ce niveau contient disséminés, beaucoup de nodules terreux recouverts de sulfure de fer, et une assez grande quantité de cristaux gypseux et translucides non stratifiés. Des concrétions ferrugineuses, parfois d'un volume considérable sont également rencontrées et méritent de fixer l'attention. Elles sont formées d'un grand nombre d'enveloppes concentriques très minces et assez fragiles. Le milieu est généralement un vide assez grand, dans lequel se trouve parfois une coquille. J'y ai trouvé deux fois l'*Ammonites mammillatus* (Schloth.). On doit conjecturer que les pyrites décomposés ont produit ces géodes. Le soufre s'est porté sur le carbonate de chaux pour former le plâtre et l'oxyde de fer s'est mélangé avec l'argile par voie d'attraction chimique comme on l'a vu pour le fer sidérolithique.

A l'argile succèdent des grès verts fossilifères qui peuvent être étudiés à La Celle dans les berges du ruisseau en bas du domaine des Potiers, à La Mivoie près Saint-Satur, et encore dans le lit de la Loire en amont de Cosne, vis à vis le petit cours d'eau qui débouche sur la rive droite, à la tête de l'île de Cosne. Leur épaisseur ne paraît pas dépasser 5 à 6 mètres. J'en ai extrait :

Scalaria gaultina (d'Orb.).
Turritella Vibrayeana (id.).
Avellana lacryma (id.).
Natica cassisiana (id.).
Pleurotomaria cassisiana (id.).
Helcion conica (id.).
Panopea acutisulcata (id.).
Corbula Neverisensis (de Loriol).
Thetis minor (Sow.) *très commune.*

Enfin, la base de l'étage est constituée par une couche de sables verts qu'on a exploités en amont de Myennes dans la berge du fleuve, vis à vis le passage à niveau de la route nationale, et qui forment avec les grès précédents la nappe aquifère des puits de la contrée.

En certains points, ce massif glauconieux est suivi d'un cordon d'argile rouge très ferrugineuse et d'un mince banc de grès rouge susceptible de fournir un excellent minerai de fer.

Je ne connais pas la couche de passage entre l'étage albien et les étages immédiatements subséquents. Ceux-ci manquent par suite d'érosions ou ne présentent que des vestiges indéterminables. L'aptien fait principalement défaut d'une façon complète.

ÉTAGE NEOCOMIEN

On sait que l'étage neocomien est divisé en deux grands horizons : supérieurement l'Urgonien et inférieurement le Neocomien proprement dit. Le premier a été vu par Ebray en 1850, plus bas que le niveau de la Loire, au fond des fouilles exécutées par le chemin de fer, pour extraction de ballast, dans l'île du Sauloy, en face le hameau de Myennes. Ce géologue dit qu'il offre une épaisseur de

1m,50 à 2 mètres d'une argile grise, avec pierres subordonnées, contenant : *Ostrea*, *Boussingaultii* et *Leymerii*. Je n'ai pas eu l'occasion de vérifier ce fait qui prouverait l'existence primitive des mers urgoniennes sur les rives de la Loire. Peut-être un lambeau des sédiments de cet étage est-il resté seul, dans une dépression profonde où il était à l'abri des courants dévastateurs.

Le Neocomien inférieur n'est pas largement représenté, non plus dans le département. Il affleure néanmoins d'une façon très visible sur plusieurs points. Je citerai la petite côte de la route de Cosne à Donzy, près du petit Gué-Botron, et tout à côté de Saint-Satur les talus en déblai du petit chemin qui conduit à Sancerre par un sentier escarpé. Il faut aller dans le Cher, aux Champions, sur la route de Mennetou-Ratel, pour bien examiner cette formation. Elle se compose de bancs de moellons jaunâtres, argilo-calcaires et pétris d'oolithes ferrugineuses très fines. Une argile également jaune empâte le massif dont l'épaisseur varie de 4 à 7 mètres.

Les fossiles que j'ai vus plus communément sont :

Ammonites Castellanensis (d'Orb.).
Janira atava (id).
Terebratula prælonga (id.)
Holaster Lhardyi (Dubois).
Et des dents de poissons des espèces Strophodus, Pycnodus, Sphærodus.

ÉTAGE PORTLANDIEN

Cet horizon par lequel commence la série des terrains jurassiques présente un beau développement dans la Nièvre. Les strates dont il est formé sont toutes semblables, ce qui rend facile la reconnaissance de l'étage. Elles se composent du haut en bas de dalles lithographiques d'une teinte gris-bleuâtre, offrant chacune une épaisseur de 0,25 à 0.30 et séparées par un mince lit de marne de même couleur.

Les affleurements sont visibles, aux Brulies, près Myennes où sont d'importantes carrières alimentant les fours à chaux de la localité, à Fonteuille non loin de la gare de Sancerre, entre Villeprevoir et Cours-les-Cosne, ainsi qu'au sommet des Girarmes, près Pouilly.

On y trouve :

Ammonites gigas (Zicten) ; rotundus (Sow) ; Gravesianus (d'Orb.).
Panopea quadrata (d'Orb).
Trigonia gibbosa (Sow.).
Pinna suprajurensis (d'Orb.).

Le fond de la carrière des Brulies est un gros banc de 0,40 d'épaisseur présentant également l'aspect lithographique, mais contenant abondamment l'*Ostrea virgula* (Goldf). Dessous est un lit d'argile que je ne sache pas avoir été fouillé. Dans la tranchée des Girarmes, en aval de Pouilly, les assises contiennent l'*Ostrea virgula* jusqu'à une hauteur assez considérable. Leur facies ne cesse pas de ressembler à celui des dalles supérieures. Il y a lieu de voir dans ces couches à Ostrea virgula la zone de passage avec l'étage Kimmeridgien sous-jacent· L'érosion de la partie supérieure du Kimmeridge n'a pu se faire sans mélanger aux premiers sédiments des mers portlandiennes des quantités énormes de ces petites huîtres, dont les coquilles constituent presque sans mélange de terre des massifs entiers, auxquels pour ce motif, on a donné le nom de sous-étage virgulien.

J'ai extrait de cette couche transitoire :

Ammonites crinus (d'Orb.).
Trigonia muricata (Rœmer).

ÉTAGE KIMMERIDGIEN

Le caractère lithographique qui paraît spécial aux sédiments des océans du portland-stone cesse subitement avec l'étage précédent.

En contact avec les dalles inférieures portlandiennes se trouve une couche d'argile marneuse de 2 mètres environ d'épaisseur et surmontant une série de calcaires compacts gris. Les bancs assez épais sont visibles au pied de la butte des Girarmes du côté de Boisgibault et dans le vallon des Loges, près Pouilly. On y recueille :

Ammonites longispinus (Sow.); orthocera (Sow.),
Ceromya excentrica (Agassiz).
Pecten l: ellosus (Sow.).

Plus bas se succèdent sur une hauteur variable de 40 à 60 mètres, des alternances de marnes argileuses et de moellons marneux en bancs bien stratifiés. A la partie inférieure du massif sont des lumachelles assez dures formées presque exclusivement de coquilles d'huîtres reliées par un ciment calcaire et jaunâtre.

Le pied de l'étage est une argile bleuâtre avec quelques cordons de calcaire pseudo-lithograhique dont les cavités emmagasinent les eaux pluviales. On doit attribuer à cette cause les faciles éboulements du massif précédent, lorsque des talus en déblai en ont coupé les strates jusqu'à la base.

L'Ostrea virgula, extraordinairement abondante dans toute la formation Kimmeridgienne, donne à ce terrain un caractère particulier qui permet de le reconnaître aisément dans ses zones diverses.

Sous les calcaires compacts à *Ammonites longispinus* on extrait dans les marnes :

Pholadomya hortulana (d'Orb.); acuticosta (Sow.); intermedia (d'Orb.).
Thracia suprajurensis (Desh,).
Pecten qualicosta (Etallon).

La couche transitoire avec l'étage sous-jacent est une succession de bancs compacts dont les assises nombreuses forment le talus du chemin de halage de la Loire immédiatement en aval de Pouilly et sont exploitées dans la carrière de la Loge, près Saint-Andelain.

Les bancs les plus élevés montrent la nature graveleuse qui caractérisera plus tard les roches oolithiques de Malveaux et de Bulcy, mais les graviers silicieux et plus ou moins abondants sont empâtés dans le calcaire. Ils ne constituent pas une pierre de formation complètement sableuse. On trouve dans ce niveau :

Terebratula subsella (Leymerie); rupellensis (d'Orb.).
Et des moules de Nerinees sans test.

J'ai également de cette partie supérieure de la couche transitoire, deux icthyodorulites ou rayons de nageoires dorsales des poissons *Hybodus* et *Asteracanthus*.

Plus bas, en approchant de Pouilly, la pâte de la pierre devient plus fine; la couleur est gris-bleuâtre. La silice entre pour une large part dans la constitution minéralogique. Dans les caves de Pouilly, la roche est presque complètement silicieuse.

Avec les fossiles précédents j'ai encore recueilli dans ce deuxième niveau : *Natica rupellensis* (d'Orb.).

ETAGE CORALLIEN

Le Corallien véritablement tranché par sa faune débute sous les pierres silicieuses de Pouilly, par un calcaire blanc et ressemblant à la craie. Les bancs sont très épais. Ils affleurent depuis la gare de Pouilly jusqu'au delà de Charenton. On les exploite à Chambeau près Saint-Andelain, à Favray sur les bords de la rivière du Nohain. Les carrières du cimetière de Sancerre sont creusées en souterrain au milieu de ces assises puissantes et assez peu fendillées pour n'exiger dans les galeries aucune précaution d'étaiement.

Cet horizon contient beaucoup de coraux. Les mollusques y sont également abondants. Je citerai :

Nerinea Nantuacensis (d'Orb.).
Pinna obliquata (Desh.).
Trigonia Meriani (Agass.).
Mitylus subpectinatus (d'Orb.); lassus (d'Orb.).
Lithodomus rupellensis (d'Orb.).
Pecten corallinus (d'Orb.).
Diceras arictinum (Lam.) *extrêmement commun.*
Rhynchonella inconstans (d'Orb.) *extrêmement commune.*
Terebratula insignis (Schubler).
Stromechinus robinaldinus (Cotteau).
Pygaster umbrella (Agass.); pileus (id.).
Hemicidaris crenularis (Agass.).
Acrocidaris nobilis (id.).
Pseudo-diadema mamillatum (Desor).
Acrosmilia corallina (d'Orb.).
Stylina Delucii (Edwards et Haime).
Prionastrea Noe (d'Orb.).
Apiocrinus Roissyanus (id.).

A la masse blanche de ces calcaires succèdent d'autres bancs également très épais, mais d'une pierre formée de graviers roulés et agglutinés simplement par un ciment calcaire. Leur extraction se fait sur une grande échelle à Malveaux, Bulcy, La Charité et La Marche. L'oolithe varie de grosseur suivant la hauteur stratigraphique. C'est ainsi que la pierre de Malveaux de l'horizon le plus élevé est réputée meilleure à cause de la finesse du sable. Dans les bancs inférieurs il y a des strates rubigineuses qu'on appelle bancs rouges.

Les restes d'animalisation ne sont pas également distribués- Une assise est surtout coquillère. Elle est au-dessous de la partie médiane du gisement oolithique. On la voit au milieu du front des carrières de Gérigny et La Pointe près La Charité. La roche véritable lumachelle est une accumulation de mollusques et de coraux.

Les fossiles à signaler sont les suivants :

Ammonites Achilles (d'Orb.), *surtout en empreintes extérieures.*
Nerinea umbilicata (d'Orb.); turriculata (id.); Defrancii (Desh.); Desvoidyi (d'Orb):
Trigonia Bronnii (Agass.).
Pinna obliquata (Desh.), *echantillons énormes, mais déformés.*
Lima subsemilunaris (Godf.).
Pecten strictus (Munster); lens (Sow.); Nireus (d'Orb.).
Ostrea gregarea (Sow.).[1]
Diceras Munsteri (d'Orb).
Rhynchonella inconstans (d'Orb.); pectunculata (id.).
Terebratula insignis (Schubler).
Cidaris Blumenbachii (Munster).
Apiocrinus polycyphus (Merian).
Lasmophyllia dilatata (d'Orb.); Moreausiaca (id.),
Eunomya grandis (id.); Cottaldina (id.).
Confusastrea Burgundiœ (d'Orb.).
Stephanocœnia plana (id.); gracilis (id.).

En outre des dents de *Strophodus*, et ces jolis boutons émaillés qui pavaient la bouche des *Pycnodus.* L'Annélide *serpula flagellum* est également commun.

Je n'ai vu l'*Ostrea dilatata* (Desh.) que dans les carrières des Usines de Guérigny, au lieu dit Chamilly, près Saint-Aubin-les-Forges.

La base de l'étage est stratigraphiquement visible au hameau de Neuville, près Bulcy, sur la route qui conduit à Garchy. Elle forme en même temps la couche transitoire avec l'oxford-clay. Son caractère pétrographique est un lit de marnes jaunâtres avec nombreux bancs de mœllons calcaires et de coraux. J'y ai ramassé :

Natica grandis (Munster).
Mitylus subpectinatus (d'Orb.).
Pecten articulatus (Schloth); subspinosus (id.).
Rhynchonella inconstans (d'Orb.); royeriana (id.) ou spathica (Lam.).
Terebratula insignis (Schubler) *avec des formes variées qui doivent constituer de nouvelles espèces.*
Ostrea nana (d'Orb.); gregarea (Sow.).
Millericrinus Milleri (d'Orb.).
Calasmophyllia Edwardsii (id.).
Centrastrea microconos (id.).
Oulophyllia macropora (id.).
Ceriocava radiciformis (id.).

Ces espèces appartiennent aux deux étages corallien et oxfordien et caractérisent la couche transitoire. Je fais remarquer en même temps qu'elles se trouvent dans une formation qui n'a aucune ressemblance lithologique avec les strates supérieures ou les assises sous-jacentes.

ÉTAGE OXFORDIEN

Une puissante formation de pierres marneuses, dépassant 100 mètres d'épaisseur, constitue les terrains dits de la Petite Champagne en aval de La Charité et représente la partie tout à fait supérieure de l'étage. C'est une succession non interrompue d'assises bleuâtres, de nature argilo-calcaire et tendres quand elles sont encore imbibées de leur eau de carrière. Les chaux hydrauliques de La Charité et de Beffes en proviennent.

Je n'y ai jamais vu traces d'animalisation ou de végétation, preuve évidente d'une sédimentation dans des eaux très profondes.

Le massif est superposé à des alternances de marnes et de pierres grises, remarquables par la quantité considérable de spongiaires dont les bancs supérieurs contiennent les restes roulés et empâtés de terre. Cette zône est surtout facile à étudier entre La Marche et Germigny, sur la rive droite de la Loire. Elle correspond au sous-étage argovien des ingénieurs.

J'en ai extrait :

Ammonites Lamberti (Sow.); oculatus (d'Orb.); bimammatus (Quenstidt); marantianus (d'Orb.).
Cerithium cingendum (d'Orb.).
Alaria bellula (Picte).
Phasianella Trouvillensis (d'Orb).
Terebratula bi-appendiculata (Deslonch.); insignis (Schubler).
Rhynchonella spathica (Lam.).
Cribrospongia clathrata (d'Orb.): obliqua (id.); texturata (id.).
Goniospongia articulata (id.); striata (id.).
Eudea millepora (id.).
Cupulospongia grandis (id.): rimulosa (id.); pezizoides (id.); patella (id.); rugosa (id.).

Dans la berge même de la Loire en aval de Germigny, entre La Loge et Montalin, affleurent en concordance stratigraphique avec les assises précédentes, des calcaires pétris d'oolithes ferrugineuses et remplis de gros céphalopodes principalement *Ammonites plicatilis* (auctorum). L'exploitation des bancs de ce nouvel horizon, a été faite d'une façon régulière aux carrières du four à chaux de la Barre près le champ Montsuard, sur la commune de Varennes-les-Nevers. Ce sont les mêmes qu'on retrouve couronnant les calcaires compacts de l'étage callovien à Villemenant près Guérigny, à la Grange Quarteau près Coulanges-les-Nevers, sur le chemin du Gué-d'Heuillon à Saint-Martin-d'Heuille et ailleurs.

Cette nouvelle zône de 4 à 5 mètres seulement d'épaisseur au champ Montsuard permet d'abondantes récoltes au paléontologue. Elle contient des êtres de la faune oxfordienne et callovienne et constitue la couche de passage entre ces deux étages.

Je cite :

Belemnites hastatus (Blainv.); excentralis (Young.).
Nautilus giganteus (d'Orb.); arduennensis (id.); subbiangulatus (id.).
Ammonites lunula (Zieten); babeanus (id.); plicatilis auctorum ou triplex (Sow.) *et variétés*, Martelli et Mosensis (Bayle).
— perarmatus (d'Orb.); catenulatus (Fischer); Constantii (d'Orb.); Doublieri (id.); Schilli (Oppel).
— arduennensis (d'Orb.); canaliculatus (Munster); virgulatus (Quenstedt); Toucasianus (d'Orb.).
— Eugenii (Raspail); funatus (Oppel.).
Panopea peregrina (d'Orb.); subrecurva (id.).
Pholadomya inornata (Sow.); trapezicostata (d'Orb.); exaltata (Agassiz).
Ceromya alata (d'Orb.).
Unicardium Alcyone (id.).
Isocardia transversa (id.).
Myoconcha Rathieriana (id.).
Lima ovalis (Desh.).
Mitylus subpectinatus (d'Orb.).
Trigonia elongata (Sow.).
Pecten subfibrosus (d'Orb.).
Hemithyris senticosa (id.).
Rhynchonella spathica (Lam.).
Terebratula insignis (Schubl.).
Millericrinus mespiliformis (d'Orb.); milleri (id.).
Stylina tubulosa (Edwards et Haime).

Les carrières de pierre de Narcy et des Bertins sont au-dessus de la zône ferrugineuse à *Ammonites plicatilis*. Leurs strates doivent être placées entre celle-ci et le niveau à spongiaires. La couche à laquelle elles appartiennent contient dans sa partie supérieure les fossiles de l'argovien des Loges et notamment en grande abondance:

Rhynchonella spathica (Lam.); pectunculata (d'Orb.).
Terebratula biappendiculata (Deslonch.) insignis (Schub.).

Au contraire les dalles inférieures, quoique peu riches en animalisation permettent cependant d'extraire les moules généralement aplatis de la population des plages de la zône à minerai. J'ai pu déterminer :

Ammonites biplex (Sow.) *variété* Martelli (Bayle).
Trigonia elongata (Sow.).
Pygurus Marmouti (Agass.).
Pholadomya trigonata (id.).

Les dénudations expliquent très bien l'absence de la baume oxfordienne à Narcy.

Il y a lieu de croire que les terrains de la rive droite du fleuve, entre La Marche et Germigny, étaient exondés pendant la période où se déposaient les calcaires durs. Ils s'affaissaient ensuite pour recevoir les eaux argoviennes et permettre la superposition immédiate des dépôts à *Ammonites Lamberti* sur les oolithes ferrugineuses.

Du reste il faut remarquer combien spéciale est la situation de l'oxfordien inférieur de Narcy. Il est séparé de celui des bords de la Loire par une large bande de corallien oolithique. Des fractures bien accusées délimitent ses affleurements d'une façon inattendue.

ÉTAGE CALLOVIEN

Cette intéressante formation se présente sous un aspect minéralogique spécial qui en rend la reconnaissance facile. Du haut en bas de son épaisseur, c'est une succession de bancs d'une pierre jaunâtre compacte et de nature argilo-calcaire. Des silex sont fréquemment empâtés dans sa masse. La couleur passe au bleu-tendre dans le milieu des roches qui n'ont pas été altérées par les influences atmosphériques. Du reste, cette dernière particularité se constate également dans les pierres de tous les autres étages, lorsque les éléments ferrugineux disséminés dans la masse n'ont pas encore été décomposés.

Malgré cette uniformité du facies petrographique, je distinguerai trois niveaux pour le paléontologue. Supérieurement des bancs de moellons traversés fréquemment par des silex et contenant abondamment :

Ammonites modiolaris (Lwyd.); bipartitus (Zieten); Duncani (Sow.); athleta (Phillips); lunula (Zieten).
— anceps (Reinecke) *il y en a trois variétés, une à tours plats, une autre avec une seule rangée de gros tubercules et la troisième que je n'ai vu dans aucun des musées de Paris, avec deux rangées de tubercules; la seconde variété typique de l'horizon suivant n'a jamais été rencontrée dans la partie supérieure du kelloway-rock.*
— Jason (Zieten); Elisabethæ (Prat); pustulatus (d'Orb.); Ajax (id.).
Pholadomya carinata (Goldf); inornata (Sow.).
Astarte gallica (d'Orb.).
Mitylus gibbosus (Sow.).
Lima duplicata (Desh.); rigida (id.).
Pecten fibrosus (Sow.).
Ostrea dilatata (Desh.) *individus toujours de très petite taille;* alimena (d'Orb.).
Terebratula lagenalis (Schloth.) *avec la variété plus courte appelée* umbonella; longa (Zieten).
Dysaster ellipticus (Agass.).
Millericrinus rotiformis (d'Orb.).

La faune indique bien que ces bancs supérieurs du Kelloway-rock sont au même niveau stratigraphique que les sablons de Veninges et du bois de Faye dont j'ai parlé précédemment. Les émanations acides des failles ont pénétré les couches de ces dernières localités et en ont fait disparaître le carbonate de chaux dont le ciment reliait les molécules argilo-siliceuses. Les pluies diluviennes ont ensuite trié les silex et formé ces dépôts de cailloux qu'on appelle chailles calloviennes.

A ces lits de moellons succèdent d'autres assises de même nature minéralogique, mais dans lesquels le facies sablonneux n'a jamais été observé. En outre, l'épaisseur de chaque banc qui va jusqu'à 3 et 4 mètres, contraste avec le peu de puissance des strates supérieures. Ils fournissent la pierre de taille. La faune en est assez remarquablement tranchée. Les coquilles communes sont :

Belemnites hastatus (Blainv.) *individus n'atteignant jamais la taille de ceux de l'oxford-clay.*
Ammonites coronatus (Brug.) *dont deux variétés bien distinctes dès le jeune âge, une à tours plats dans laquelle les tubercules s'atténuent très vite en même temps que les côtes disparaissent, et l'autre à tours plus épais, ronds et conservant ses ornements extérieurs. J'ai un échantillon avec les cloisons ramifiées qui séparaient les loges de la coquille.*
— anceps (Reinecke) *variété à une seule rangée de gros tubercules appelée aussi* ellipticus *et qui se trouve toujours à ce niveau à l'exclusion des deux autres variétés typiques de l'horizon supérieur.*
— Bakeriæ (Sow.); polyplocus (Reinecke); Herveyi (Sow.).
Panopea elea (d'Orb.); crina (id.); Brongniartina (id.).
Pholadomya carinata (Goldf.); texta (Agass); crassa (id.); cylindrica (d'Orb.).
Thracia Chauviniana (d'Orb.).
Ceromya concentrica (id.); sarthacensis (id.).
Lavignon ovalis (id.).
Cyprina blandina (id.); Vielbanei (id.); subcordiformis (id.).

Trigonia elongata (Sow.); major (d'Orb.).
Isocardia tener (Sow.).
Arca galathea (d'Orb.).
Pinna rugoso-radiata (id.); crassissima (id.).
Avicula inæquivalvis (Sow.).
Pecten lens (Sow.); Camillus (d'Orb.).
Rhynchonella spathica (Lam.); Fischeri (Rouiller).
Terebratula bicanaliculata (Schloth.); Linneana (d'Orb.); reticulata (id.).

On trouve aussi des troncs d'arbres pétrifiés ainsi que des restes de sauriens. La carrière des Montapins, sur les bords de la Loire, a fourni un maxillaire armé de ses dents d'un *Teleosaurus.*

Les derniers bancs de taille reposent sur une couche jaune, très argileuse, puissante de 15 mètres en moyenne, et dans laquelle alternent des lits de marne et des bancs de moellons bien stratifiés. Une zone pétrie d'oolithes ferrugineuses s'y fait remarquer sur plusieurs points, spécialement dans les talus du parc de Nevers, au niveau de la route de Fourchambault, devant la gare du chemin de fer. La faune contient un mélange des animaux qui peuplaient les mers colloviennes et les océans de l'étage inférieur. Sans aucun doute cette formation est la couche de passage entre ces deux grandes périodes. Elle est très visible autour de Nevers. Je citerai comme très-facile à l'étude, les falaises des Montapins à Nevers, au-delà de l'abattoir, sur le bord du chemin de halage de la Loire.

J'y ai ramassé :

Nautilus hexagonus (Sow.).
Ammonites macrocephalus (Schloth.); Bakeriæ (Sow.). tumidus (Zieten); Herveyi (Sow.).
Natica Chauviniana (d'Orb.).
Pleurotomania Cyprea (id.).
Pholadomya texta (Agass); Murchisonæ (Sow.); decussata (Agass); carinata (Goldf.), *mais variété spéciale à ce niveau et bien différente de celle typique des bancs à Ammonites coronatus. La coquille a sur le côté buccal une grosse côte rayonnante que l'on trouve à tous les âges, même chez les plus petits individus. J'ajoute qu'en même temps la forme des bancs supérieurs ne descend jamais dans les marnes.*
Panopea Brongniartina (d'Orb.).
Lyonsia recurva (id.).
Lima cardiiformis (Sow.).
Periploma chauviniana (id.).
Ostrea Marshii (Sow.); *mais variété certainement nouvelle malgré le polymorphisme des huîtres.*
Plicatula rugulosa (d'Orb.); peregrina, (id.) *mais variété bien plus courte, plus bombée, constante dans sa forme et que j'appelle sub-peregrina.*
Terebratula bicanaliculata (Schloth.); triquetra (Parkinson); Sœmanni (Deslonch.) calloviensis (d'Orb.).
Larges baguettes de : Rhabdocidaris Remus (Desor); copéoides (id.).

ÉTAGE BATHONIEN

L'aspect pétrographique de cet horizon est assez compliqué et quelque peu variable, suivant les localités. L'étude de la faune est le seul moyen de s'y reconnaître. Les Anglais le divisent en cinq grandes périodes. Dans la Nièvre, je signalerai sept niveaux. La manière dont les fossiles sont distribués dans ces couches diverses, permet de voir simplement des dates chronologiques d'un même étage.

La durée de l'étage bathonien aurait été fort longue si on comparait la puissance de ses couches à la hauteur des autres étages; mais nous n'avons aucune idée du temps nécessaire à l'épaisseur d'une sédimentation quelconque. Suivant les circonstances, un dépôt très mince a pu exiger plus de siècles que la formation d'un continent; aussi bien, à l'époque houillère, des plantes annuelles comme les prêles qui ne dépassent pas aujourd'hui la grosseur de nos graminées, atteignaient dans le même nombre de mois les dimensions des plus grands arbres de nos forêts.

Quoi qu'il en soit, les amateurs d'horizons peuvent retrouver dans la Nièvre toutes les divisions anglaises depuis le corn-brash jusqu'au fullers-earth.

L'étage débute par quelques bancs épais formant généralement une hauteur totale de 4 à 5 mètres ainsi qu'on le peut constater à Nevers, à Chaulgnes et ailleurs. Le calcaire, compact et dur, fournit une bonne pierre, mais gélive. Le chemin de fer l'a exploitée aux Coques, près Chaulgnes. Elle couronne la terre à ciment des Montapins de Nevers. Ce même niveau est représenté à Sauvigny-les-Bois et à Pryc, près Imphy, par un calcaire oolithique d'un beau grain. Sa puissance est en même temps plus considérable dans ces dernières localités.

J'ai recueilli dans cette zone :

Pleurotomaria strobilus (Deslonch.).
Pholadomya ovulum (Agass.); Murchisonæ (Sow.)
Lyonsia peregrina (d'Orb.); latirostris (id.).
Thracia Viceliasensis (id.).
Mitylus imbricatus (id.); glaucus (id.).
Lima hippia (d'Orb.); interstincta (id.); rigidula (id.); proboscidea (id.).
Avicula costata (Smith); echinata (Sow.).
Pecten obscurus (Sow.); Luciensis (d'Orb.); vagans (Sow.); laminatus (id.).
Ostrea costata (Sow.); bathonica (d'Orb.); obscura (Sow.); Knorri (Zieten); Luciensis (d'Orb.).
Rhynchonella quadriplicata (d'Orb.); Hopkinsi (Davidson); concinna (d'Orb.); Zieteni (id.) ou varians (Zieten).
Terebratula orbicularis (Sow.); intermedia (id.); obovata (id.); coarctata (Parkinson); Royeriana (d'Orb.); *variété* de digona; ornithocephala (Sow.).
Berenicea undulata (d'Orb.)
Terebellaria ramosissima (Lam.); antilopa (id.).
Chrysaora damœcornis (Lamouroux); radiata (d'Orb.).
Dysaster Montapinus (Ebray).
Hemicidaris Icaunensis (Cotteau).
Cidaris Davoustiana (id.).
Mellericrinus Pratti (d'Orb.).
Pentacrinus Buvignieri (id.).
Thecophyllia numismalis (id.).
Eunomia radiata (Lam.).
Ceriopora ramosa (d'Orb.).
Nodicava pustulosa (id.).
Hippalimus Oceani (id.); mammilliferus (id.).

En outre, des dents de reptiles, des pattes de gros crustacés et quantité de serpules.

Le lit inférieur du dernier banc des Montapins est tapissé de crist^ux de plâtre. Il est en contact immédiat avec la terre à ciment, d'une belle couleur bleuâtre. Cette teinte est sans aucun doute le résultat de la décomposition des pyrites dont le soufre a contribué à la formation du gypse.

Les marnes de la terre à ciment, sont denses et sèches parce qu'elles sont complètement imperméables ; elles se délitent facilement. Elles contiennent peu de coquilles, pourtant j'y ai recueilli :

Trigonia angulata (Sow.).
Arca subminuta (d'Orb.).
Cyprina Arethusa (id.).

La terre à ciment ne paraît pas exister partout. A sa hauteur, correspondent généralement des alternances de marnes grises et de calcaires blanchâtres, qui affleurent à Varennes-les-Nevers, Chaulgnes, La Maile près Tronsanges et en maints autres endroits. La plupart des espèces citées plus haut s'y retrouvent, mais un certain nombre y paraissent cantonnées.

Je cite :

Ammonites procerus (Seebach.).
Natica actea (d'Orb.).
Pholadomya Vezelayi (Lajoie); varusensis (d'Orb.).
Panopea Delia (d'Orb.); galdrina (id.).
Anatina Aegea (id.); actea (id.).
Cyprina Anthiope (id.).
Thracia lens (id.).
Lucina orbignyana (d'Archiac).
Pinna Luciensis (d'Orb.).
Avicula costata (Smith).
Rhynchonalla varians (Zieten).
Acrosalenia spinosa (Agass.).
Anabatia orbulites (d'Orb.).

Des bancs percés par les lithodomes sont observés en plusieurs points, notamment à Eugnes et Langle près Chaulgnes, où les coquilles sont encore dans la roche.

De puissantes couches de marnes alternant avec des lits de pierre baumard constituent un autre niveau peu ou point fossilifère. Elles affleurent sur la route de Pougues à Chaulgnes depuis le hameau de la Berge jusqu'aux Coques et donnent aux escarpements sur lesquels sont plantés les vignes, cette teinte blanchâtre qui caractérise singulièrement le pays.

Ce qu'on est convenu d'appeler great-oolit ou grande oolithe est immédiatement au-dessous. Un lit d'argile jaunâtre, épais environ d'un mètre surmonte une série de bancs également jaunâtres de calcaires épais et compacts, mais dont la puissance totale ne dépasse pas 7 à 8 mètres. Ce niveau est celui des carrières du château du Tremblay près Pougues, de la Provencelle à Billy et du village d'Apremont sur la rive gauche de l'Allier près de Saincaize, malgré ce qui a été écrit jusqu'ici au sujet de cette dernière localité.

La couche argileuse est extrêmement coquillère; les calcaires le sont moins. J'indique comme fossiles caractéristiques :

Belemnites bessinus (d'Orb.).
Ammonites linguiferus (d'Orb.); microstoma (id.); subdiscus (id.); polymorphus (id.); arbustigerus (id.); discus (d'Orb.); procerus (Seebach), *variété sans doute de* l'arbustigerus.
Turbo Labadyei (d'Orb.).
Lyonsia peregrina (id.).
Lavignon mactroides (id.).
Thracia viceliasensis (id.).
Cardium citrinoideum (id.)
Isocardia minima (Sow.).
Lima gibbosa (d'Orb.).
Mitylus Sowerbyanus (d'Orb.); gibbosus (id.), *mais variété toujours plus épaisse et moins longue que celle du callovien, aussi je propose de l'appeler* sub-gibbosus.
Pecten comatus (Munster).
Rhynchonella concinna (d'Orb.); Zieteni (id.) ou varians (Zieten).
Terebratula ovoides (Zieten); digona (Sow.).
Dysaster bicordatus (Agass.).
Nucleolites clunicularis (Blainv.).
Pseudo-diadema subcomplanatum (d'Orb.).
Apiocrinus Parkinsoni (id.).
Ceriopora conifera (Michelin).

Les bancs des carrières que je viens de citer, sont continués par des alternances de lits de marnes et de pierre jaune.

Ce nouvel horizon diffère du précédent par les lits d'argile interposés et par une compacité moins uniforme de la roche, laquelle n'est utilisée que comme mœllons dans les rares endroits où on l'exploite, à Chaulgnes par exemple. La puissance du massif atteint peut-être 40 mètres. Quelques bancs plus durs sont des lumachelles empâtant un grand nombre de coquilles dont le test est remplacé par une poussière ferrugineuse. Les strates plus inférieures augmentent d'épaisseur et peuvent alors être utilisées comme pierre de taille. Les lithophages ont abondé également sous les dernières assises, comme on le voit sur le côté droit du chemin de Pougues à Parigny, au pied du mont Givre, immédiatement au-dessus des talus en déblai coupés dans la terre à foulon.

Les fossiles de ce massif caractérisé par sa couleur jaune sont identiquement ceux que j'ai signalés plus haut dans les carrières de la grande oolithe.

La série bathonienne est terminée par ce qu'on appelle la terre à foulon; mais dans nos régions, ce dernier niveau ne contient pas l'argile aux qualités de laquelle est dû son nom en Angleterre; toutefois, le caractère argileux y domine également. Le facies pétrographique est constant et diffère essentiellement par sa couleur bleuâtre de celui du massif précédent. Du haut en bas c'est une successsion de lits terreux alternant avec des strates de mœllons.

La faune de la terre à foulon présente quelques animaux typiques. Je nomme :

Ammonites hecticus (Reinecke); procerus (Seebach); ferrugineus (Oppel.); aspidoides (id.), *sans doute le même que* discus; Wurtembergica (Oppel.); Parkinsoni (Sow.); dimorphus (d'Orb.).
Belemnites bessinus (d'Orb.); fusiformis (Quenstedt).
Pholadomya angulifera (d'Orb.); ovulum (Agassiz).
Arca Elea (d'Orb.).
Pecten annulatus (Sow.).
Ostrea Knorri (Zieten).

Les affleurements sont visibles dans les tranchées du chemin de fer, à l'Aiguillon et à la Baratte, près Nevers, à Pougues, devant la gare de Saincaize, dans les berges du canal à Gimouille, etc.

Enfin une couche argileuse, épaisse de 0,30 à 1,50 au plus, et caractérisée par l'abondance des oolithes ferrugineuses, forme la couche de passage avec l'étage sous-jacent. Le minerai affleure à Sermoise près Nevers et a été exploité pendant de longues années à Vandenesse et à Isenay. Dans ces deux localités il repose immédiatement sur les dalles bajociennes, sans transition, et contrairement aux assertions émises à ce sujet par la plupart des auteurs.

La couche contient abondamment les fossiles bathoniens et bajociens. Je cite :

Belemnites bessinus (d'Orb.); unicanaliculatus (Hartmann); giganteus (Schloth).
Ammonites procerus (Seebach); polymorphus (d'Orb.); subradiatus (Sow.); garantianus (d'Orb.); corrugatus (Sow.); propinquans (Bayle); oolithicus (d'Orb.); zig-zag (id.); martiusii (id.); pseudo-anceps (Ebray); Murchisonæ (Sow.); Deslonchampsii (Defrance); Parkinsoni (Sow); Humphriesianus (id.); Baylei (Oppel.).
Eucyclus ornatus (d'Orb.).
Chemnitzia lineata (id.); turris (id.).
Natica bajocensis (id.).
Trochus bicarinatus (Munster).
Pleurotomaria conoidea (Desh.). subconoidea ou Ebrayana (d'Orb.); Palemon (id.); Proteus (id.); bessina (id.).
Purpurina bathis (d'Orb.).
Panopea Jurassi (id.).
Pholadomya ovulum (Agass.); fidicula (Sow.): angustata (id.); angulifera (d'Orb.);
Lyonsia abducta (d'Orb.).
Astarte trigona (Desh.).
Trigonia costata (Park.).
Unicardium incertum (d'Orb.).
Arca Daphne (id.).
Mitylus reniformis (id.).
Pecten articulatus (Schloth.); saturnus (d'Orb.).
Gervilia consobrina (d'Orb.).
Ostrea Gibriaci (Martin).
Hemithyris spinosa (d'Orb.).
Rhynchonella garantiana (d'Orb.); Theodori (Schloth.); angulata (d'Orb.); Zieteni (d'Orb.).
Terebratula Philipsii (Davidson); sphæroidalis (Sow.); carinata (Deslonch.); emarginata (Sow.); ventricosa (Hartmann.); Ferryi (Deslonch.); perovalis (Sow.).
Dysaster Eudesii (Agass.); ringens (id.).
Holectypus Devauxianus (Cotteau).
Discocyathus Eudesii (Edwards).

ÉTAGE BAJOCIEN

Cet horizon exclusivement formé de roches dures très calcaires, est pétri de ces articles d'encrines qui lui ont fait donner le nom de pierre à entroques. Il n'a pas une puissance supérieure à 15 ou 20 mètres. Il fournit les pierres des carrières du Guétin, de Marzy, de Plagny, de Vandenesse. Dans cette dernière localité, la roche moins caverneuse, d'un grain plus uniforme et plus régulièrement compacte, fournit des matériaux très estimés.

La faune est riche et variée :

Belemnites unicanaliculatus (Hartmann); giganteus (Schloth.); brevirostris (d'Orb.); sulcatus (Miller).
Nautilus clausus (d'Orb.).
Ammonites insignis (Schub.); gervillei (Sow.); Sauzei (d'Orb.); Truellei (id.); Brocchii (Sow.); Sowerbyi (Miller); Edouardianus (d'Orb.); Humphriesianus (Sow.).
Chemnitzia turris (d'Orb.).
Trochus Zetes (id.).
Pleurotomaria constricta (Deslonch.); alimena (d'Orb.).
Panopea gibbosa (d'Orb.); navis (id.); Æquata (id.); sinistra (id.); subelongata (id.).
Pholadomya triquetra (Agass.).
Trigonia striata (Sow.).
Arca Drya (d'Orb.)
Mitylus subasperus (id.).
Lima proboscidea (Sow.); semicircularis (Goldf.); sulcata (Munster); striatula (id.); Helena (d'Orb.); gibbosa (Sow.); lunularis (Desh.).
Avicula digitata (Deslonch.).
Pecten hedonia (d'Orb.); virguliferus (Phillips); silenus (d'Orb.).
Hinnites tuberculatus (d'Orb.).
Ostrea Marshii (Phillips); subcrenata (d'Orb.).
Terebratula Kleinii (Lam.); conglobata (Deslonch.); garantiana (d'Orb.); infra-oolithica (Deslonch.); submaxillata (Davidson); lata (Sow.).
Diastopora normaniana (d'Orb.).
Entalophora bajocina (id.).
Intricaria bajocensis (id.).

Nucleolites sarthacensis (id.).
Holectypus subdepressum (id.).
Diadema depressum (Agass.).
Cidaris anglo-suevicus (Oppel.).
Rhabdocidaris maxima (Desor).
Pentacrinus bajocensis (d'Orb.).
Cyclocrinus annularis (id.).
Cœlaster Mandelslohi (id.).
Prionastrea Bernardiana (id.).
Eudea attenuata (id.).
Et nombre de serpules : Serpula socialis (Goldf.); torquata (Quenstidt(; flaccida (id.).

Les coquilles sont de plus en plus rares à partir des dalles supérieures. Le dernier banc, plus épais que les autres, est aussi très différent par son aspect lithologique et sa faune. Il est gris-bleuâtre et porte le nom de banc gris. Il contient toujours dans son intérieur, et sur son lit de pose, de nombreux nodules de pyrites de fer, en beaux cristaux dorés. Enfin, il présente empâtées dans sa masse, à l'exclusion de tout autre fossile, les coquilles d'une huître qui se montre pour la première fois à ce niveau, l'*Ostrea Knorri* de d'Orbigny, laquelle n'est pas celle de la terre à foulon de Zieten et Quenstidt. Le même mollusque caractérise inférieurement les assises toarciennes. On l'a assimilé à l'*Ostrea Beaumonti* (Rivière); et en effet, quoique toujours plus gros que ce dernier animal, il lui ressemble pourtant assez. Toutefois dans les couches un peu plus basses, par un fait de polymorphisme si fréquent dans les huîtres, le crochet se raccourcit et devient moins prononcé, les valves moins pincées s'élargissent. Cette dernière forme correspond à celle qu'Ebray appelle ***sublobata***. Ce nom me semble devoir lui être conservé.

Le banc gris pyriteux des carrières bajociennes est donc la couche de passage avec l'étage sous-jacent. Elle ne contient pas d'individus du calcaire à entroques, parce que les dernières strates de ce niveau en sont elles-mêmes dépourvues. A l'appui de cette conjecture, j'ajoute que lorsque le banc pyriteux manque, comme à Gimouille, à Montigny-sur-Canne et à Lurcy-le-Bourg, on voit sous les dalles bajociennes une couche de minerai de fer dont la puissance maximum atteint 4 ou 5 mètres et qui forme alors la couche transitoire, ainsi qu'il est facile de le constater par l'examen des fossiles subitement différents.

On trouve surtout à Montigny :

Ammonites serpentinus (Schloth.).
Turbo capitaneus (Munster); Natica Pelops (d'Orb.).

Mais à Lurcy on fait ample récolte de :

Belemnites irregularis (Schloth.); Quensdetti (Oppel.); brevis (Blainv.).
Ammonites radians (Schloth.); variabilis (d'Orb.); Lilli (Von-Hauer); mercati (id.).
Trigonia pulchella (Agass.); costellata (id.).

Tandis que Gimouille fournit plus spécialement :

Ammonites opalinus (Reinecke); mactra (Dum.).
Pholadomya Zieteni (Agass.).
Pecten dextilis (Munster); subulatus (id.): phillis (d'Orb.); velatus (Goldf.).
Plicatula catinus (Deslonch.).
Terebratula Crithea (d'Orb.); Jauberti (Deslonch.).

ÉTAGE TOARCIEN

L'étage Toarcien, entièrement argileux, contraste avec le précédent par son facies et sa couleur, mais ne cesse nulle part d'être en concordance stratigraphique avec lui.

Il débute par des alternances de lits d'argile compacte, bleue généralement, mais jaunâtre quand les éléments pyriteux ont été altérés, et des assises d'une pierre calcaire également bleue au moins dans l'intérieur de sa masse.

L'épaisseur de chacune des dalles de pierre n'est que de 0,15 à 0,20, mais l'avant-dernière strate a 0,40 et la dernière 0,80 de hauteur environ dans certains endroits.

Les couches argileuses intercalées ont 1,30 seulement de puissance en haut, pour arriver à 2,50 et 3 mètres en bas. Lorsqu'elles ont été lavées par les courants, leur teinte est jaunâtre; elles constituent dans ce cas, la terre plastique des briquetiers.

Les argiles sont très fossilifères. Les *Belemnites* y abondent.

Belemnites tripartitus (Schloth.); Quenstedti (Bayle); Rhinanus (Oppel.).

Les bancs de moellons sont également fort riches en coquilles. Les plus élevés contiennent plus spécialement :

Ammonites aalensis (Zieten).
Pecten calvus (d'Orb.).

Ceux inférieurs et surtout les deux derniers sont de véritables lumachelles. On y trouve à profusion :

Ammonites solaris (Phillips) ou Levesquei (d'Orb.); Thouarsensis (id.); jurensis (Zieten).
Astarte subtetragona (Munster).
Arca elegans (d'Orb.).
Lima Eudora (id.); galathea (id.).
Ostrea sublobata (Ebray); sarthacensis (d'Orb.).
Rhynchonella fidia (d'Orb.) ou Cynocephala (Richard).

Un massif exclusivement glaiseux et d'une couleur bleue foncée succède à cette première zone. Quelques cordons de pierre mince le traversent dans le haut, mais les terres inférieures sèches et schisteuses semblent exclusivement argileuses. On trouve dans la partie supérieure des cristaux de gypse assez gros et translucides. La faune en est abondante :

Ammonites complanatus (Brug.); mucronatus (d'Orb.); Raquinianus (id.); discoides (Zieten); bifrons (Brug.); concavus (Sow.).
Nautilus semistriatus (d'Orb.)
Natica Pelops (id.).
Turbo subduplicatus (id.); capitaneus (Munster).
Pleurotomaria Isarensis (d'Orb.).
Pholadomya Zieteni (Agass.).
Leda rostralis (d'Orb.).
Nucula subglobosa (Rœmer); Hammeri (Def.); Eudoræ (d'Orb.).
Lima gigantea (Desh.).
Arca Egæa (d'Orb.).
Lucina plana (Zieten).
Gervilia Hartmanni (Munster).
Thecocyathus mactra (Edwards et Haime).

Dans la partie inférieure fouillée par le creusement d'un puits, au lieu dit le Moulin-à-Vent, près Chevenon, je n'ai trouvé qu'une empreinte d'un petit cidaris.

Je n'ai pas vu le contact de ces argiles toarciennes avec l'étage sous-jacent d'une manière assez complète pour en parler.

ÉTAGE LIASIEN

La partie la plus élevée de l'étage est une succession, sur 5 à 6 mètres de hauteur, de dalles d'une pierre dure argilo-calcaire et fournissant de bons moellons de construction, mais ne donnant qu'une chaux maigre pour l'amendement des terres.

L'assise supérieure, épaisse à peine de trois centimètres, présente sur ses lits de nombreuses écailles et même des arêtes de poissons. M. Busquet, directeur des mines de La Machine, a trouvé à Diennes une belle empreinte de Leptolepis.

Les autres bancs ont en moyenne 0,25 de hauteur. Ils contiennent :

Belemnites paxillosus (Voltz); niger (Lister); umbilicatus (Blainv.).
Ammonites margaritatus (Montfort); amaltheus (Schloth.); spinatus (Brug.).
Panopea Jauberti (Dum.); elongata (Rœmer); meridionalis (id.).
Pholadomya obliquata (Phillips).
Unicardium Aspasia (d'Orb.).
Mitylus scalprum (id.).
Pecten æquivalvis (Sow.); disciformis (Zieten); acuticostatus (Sow.) *probablement* Priscus (Schloth.).
Ostrea gigantea (Sow.); sportella (Dum.); *variété qui doit être un simple fait de polymorphisme, car la même forme se trouve jusqu'à la base du lias bleu à gryphées arquées.*
Rhynchonella tetraedra (d'Orb.); furcellata (id.); acuta (id.).
Spiriferina Hartmanni (id.).
Terebratula resupinata (Sow.); cornuta (id.); quatrifida (Lam.); Mariæ (d'Orb.); punctata (Sow.); subpunctata (Davidson).

Sous ces strates absolument pierreuses est un massif glaiseux analogue comme facies minéralogique à celui de l'étage supérieur. Il est aussi comme lui fossilifère, mais un cephalopode extraordinairement abondant lui a fait donner le nom spécial de marnes à belemnites.

La population de ce second niveau est différente suivant la hauteur, au moins pour certains types. C'est ainsi que la partie la plus élevée se distingue par :

Plicatulo spinosa (Sow.).
Trigonia navis (Lam.).
Avicula substriata (d'Orb.); calva (Schloemb.).
Inoceramus ventricosus (d'Orb.).

Tandis que plus bas les fossiles les plus communs sont presque limités aux suivants :

Ammonites amaltheus (Schloth.).
Belemnites clavatus (Blainv.).

Cette particularité est peut-être spéciale aux affleurements que j'ai visités à Saint-Saulge, Mars et Chevenon.

Les argiles liasiques de l'horizon dont je parle sont absolument imperméables. Elles supportent donc la nappe aquifère des puits creusés jusqu'à leur rencontre. Partout où j'ai eu l'occasion de voir l'eau qui est puisée dans ces puits ou même celle des abreuvoirs à bestiaux, ouverts sur le même terrain, j'ai constaté une odeur nauséabonde, due à la décomposition du sulfure de fer dont la masse est imprégnée.

A l'argile bleue, succèdent des alternances de lits d'argile et de pierres également bleues, lorsque les agents atmosphériques n'ont pas altéré la couleur primitive, ainsi qu'on peut le constater dans le fond des carrières de L'Huis-Boulet à Corbigny, où s'extrait la pierre dite ciment romain. Près de la surface la teinte en est toujours grise. Cet horizon est le plus riche pour le paléontologue qui y trouve assez bien conservés, un grand nombre des habitants des anciennes mers de cet âge. Je cite entre autres :

Belemnites elongatus (Miller); niger (Lister); Charmoutensis (Mayer).
Ammonites Taylori (Sow.); Buvignieri (d'Orb.); Loscombi (Sow.); alisiensis (Reynes); Davæi (Sow.); Henleyi (Sow.) ou planiscota (d'Orb.) ou encore Capricornus (Schloth.); Valdani (d'Orb.); Jupiter (id.); fimbriatus (Sow.).
Trochus imbricatus (Oppel.).
Cypricardia caudata (d'Orb.).
Mitylus scalprum (id.).
Rhynchonella variabilis (d'Orb,).
Spiriferina rostrata (id.).
Terebratula numismalis (Lam.).
Pentacrinus basaltiformis (Miller).

Dans le sud du département, les dalles du calcaire à ciment de Corbigny manquent sans doute par dénudation. On voit seulement, la dernière couche argileuse qui leur devait être subordonnée, et dont le caractère lithologique est à l'est de Saint-Pierre-le-Moûtier une couleur rouge très vive, due aux émanations ferrugineuses des failles. Elle est exploitée par la tuilerie de la Petite Garde. Les coquilles sont également colorées par l'oxyde de fer. Elles sont assez abondantes pour qu'on en ramasse à la surface du sol. J'ai rapporté :

Ammonites Boblayei (d'Orb.); Nenarcnsis) Oppel.); Regnardi (d'Orb.); maugenestii (id.).

La couche rubigineuse ne paraît pas du reste correspondre à un horizon couvrant de grandes étendues. Au nord de Dhéré jusqu'à Saint-Léger près Mars-sur-Allier, les terres bleues, schisteuses avec *Ammonites amaltheus*, reposent directement sur les pierres à *Ammonites liasicus*.

On recueille dans les argiles les nombreux fossiles de la zône à laquelle ils appartiennent. Les test sont pyriteux, mais les moules intérieurs sont formés d'oxyde de fer terreux.

On voit très bien succéder au niveau précédent, les alternances de marnes blanches et de calcaires tendres du four à chaux de Bouchelin, sur la route de Saint-Pierre à Decize. L'exploitation de la baume liasienne y a été abandonnée depuis quelque temps pour la pierre sinémurienne à gryphées arquées, laquelle affleure à quelques mètres de distance, par suite d'une faille splendide.

Il faut voir dans ce dernier horizon de l'étage liasien, la couche transitoire avec l'étage sous-jacent. Celle-ci correspond aux bancs à *Ammonites oxynotus* de Nolay, au-delà d'Autun. La population appartient aux deux périodes. L'*Ostrea arcuata* y abonde avec l'*Ammonites armatus*. Je cite de cette zône de passage :

Belemnites Oppeli (Mayer); acutus (Miller)
Ammonites armatus (Sow.); liasicus (d'Orb.); Bechei (Sow.).
Pleurotomaria expansa (d'Orb.).
Lyonsia unioides (id.).
Panopea striatula (id.); liasina (id.).
Unicardium Janthe (id.).
Pecten priscus (Schloth.).
Ostrea arcuata (Sow.); *avec les variétés dues au polymorphisme et portant les noms de* Mac-culochii (Sow.); obliquata (id.).
Rhynchonella variabilis (d'Orb.).

ÉTAGE SINEMURIEN

La formation qui termine la série liasique est celle qui a donné lieu à plus de confusion. On la subdivise en trois grands horizons. Le nom de lias inférieur ou sinemurien a été conservé aux couches les plus hautes; la zône moyenne est appelée étage Hettangien, enfin la base est généralement composée des grès dits rhétiens, que l'on fait se terminer par un banc remarquable à cause de la prodigieuse quantité des avicules qu'il renferme de l'espèce *Avicula contorta*.

Je reconnais que minéralogiquement il y a dans la hauteur de l'étage sinemurien, des niveaux aussi distincts par l'aspect pétrographique que par la population. Mais si on considère le nombre des espèces animales qui sont communes on est forcé de voir exclusivement des étapes chronologiques d'une même époque. Dans la Nièvre se trouve un beau développement de toutes les couches, comme je vais le montrer. J'en excepte toutefois le niveau le plus bas à *Avicula contorta*. Malgré l'autorité des ingénieurs qui l'indiquent, je ne puis croire à son existence. Le frère Anastase, fouilleur infatigable, m'a dit l'avoir cherché pendant plusieurs années, à Corbigny dans les gisements signalés; M. Busquet m'a déclaré avoir passé spécialement une journée à Chouix près Thianges pour en découvrir quelques traces. Ces géologues ont été aussi peu heureux que moi dans leurs recherches à ce sujet. L'opinion de l'existence à la base des grès infraliasiques de la Nièvre, d'une zône à *Avicula contorta*, me semble jusqu'à ce jour uniquement basée sur des conjectures.

Quoiqu'il en soit, tel est l'ordre dans lequel se succèdent les couches sinémuriennes.

Sous la baume transitoire du four à chaux de Bouchelin, sont les dalles dures, généralement bleuâtres, dites à gryphées arquées de l'abondance de ce mollusque dans tous les gisements analogues. Les bancs sont peu épais, 0,20, à 0,25 au plus. Ils sont riches en carbonate de chaux et fournissent une chaux grasse bien meilleure que celle des pierres du lias supérieur ou du lias moyen. La rugosité de leurs lits est remarquable. La puissance totale de ce premier horizon varie de 15 à 20 mètres. De nombreuses carrières sont taillées dans ces roches appelées pierres bleues, principalement dans le Bazois. La faune sinemurienne y est nettement représentée sans mélange d'animaux du lias moyen.

Je cite :

Belemnites acutus (Miller).
Nautilus striatus (Sow.).
Ammonites rotiformis (Sow.); tarde-cresens (Von-Hauer); tortilis (Reynes); geometricus (Oppel.) ou Kridion (d'Orb.); stellaris (Sow.); Birchii (id.); bisulcatus (Brug.); nungaricus (Von-Hauer) conybeari (Sow.); Aeduensis (Charmasse); falsani (Dum.).
Pleurotomaria cœpa (Deslonch.); gigas (id.); anglica (Defrance); marcousana (d'Orb.).
Panopea liasina (d'Orb.); striatula (id.).
Pholadomya Idea (id.); ventricosa (id.).
Astarte Gueuxii (id.);
Cardinia securiformis (Agass.); hybrida (id.).
Pinna Hartmanni (Zieten.),
Myoconcha spatula (d'Orb.).
Mitylus Gueuxii (id.).
Lima edula (id.) ou gigantea auctorum; echo (d'Orb.); Gueuxii (id.); succincta (Scholoth); Eryx (d'Orb.) ou Hettangiensis (Terquem).
Avicula sinemuriensis (d'Orb.).
Pecten hehlii (d'Orb.); sabinus (id.); textorius (Schloth); dispar (Terquem); *le même sans doute que Priscus de la couche transitoire du lias moyen.*
Ostrea arcuata (Sow.) *avec toutes les variétés dues au polymorphisme et dont plusieurs reproduisent la forme* sportella.

Rhynchonella variabilis (d'Orb.).
Spiriferina Walcotii (id.); pinguis (id.).
Terebratula Marsupialis (Schloth); causoniana (d'Orb.); pyriformis (Deslonch.).
Pentacrinus tuberculatus (Miller); subsulcatus (M nster).

Les dalles de pierre bleue se terminent par quelques assises plus épaisses et caractérisées par la même animalisation. C'est à ce niveau que j'ai rencontré plus souvent :

Lima edula (d'Orb.).
Lyonsia Doris (id.).
Ostrea electra (id.); arietis (Quenstedt).

A la suite de cette zône est une série généralement peu puissante de bancs calcaires, jaunâtres et pétris de gasteropodes. On peut les étudier à Corbigny. et à Fonsegré près Saint-Parize-le-Châtel. L'intérieur de la roche est remplie de petits *Trochus*, mais les surfaces sont surtout recouvertes de nombreux fossiles. Je citerai :

Turbo triplicatus (Martin).
Chemnitzia liasina (d'Orb.); Zenkeni (id.).
Turritella Dunkeri (Terquem).
Trochus bellijocensis (Dum.).
Mitylus Morrisi (Oppel.),

Plusieurs lits sableux ou grèseux succèdent à ces strates qu'Ebray nomme le foie de veau de la Nièvre. Les graviers des nouveaux bancs sont tantôt grossiers et agglutinés par un ciment, à la manière des arkoses, comme à Moussy près Saint-Révérien où ils sont pénétrés par diverses substances métalliques, galène et barytine; quelquefois, ils sont surtout remarquables par les polypiers dont ils renferment les restes principalement à Billy-Chevannes, dans la tranchée de la route nationale, vers le hameau de Nanteuil ; tantôt au contraire ils sont fins et constituent une baume sableuse comme entre Moiry et Saint-Parize-le-Châtel, où ils renferment abondamment une huître *Ostrea sublamellosa* (Dunker) : laquelle apparaît pour la première fois à cette hauteur et remplace l'*Ostrea arcuata* des couches plus élevées.

Le foie de veau manque en beaucoup d'endroits, à Champvert, à Teinte près Decize. Dans ces localités le banc qui suit immédiatement celui à *Ostrea arietis* est recouvert d'articles d'encrines :

Pentacrinus angulatus (Oppel.).

Les vrais calcaires infraliasiques commencent donc à cet horizon ainsi que l'étage hettangien des auteurs. Dans le banc supérieur, on voit à Moiry des cylindres verticaux recouverts de concrétions spathiques qui, au premier abord, les font prendre pour des fossiles végétaux.

Les matériaux sont durs, grisâtres, forment des bancs d'épaisseur variable et séparés par des lits d'argile. La roche contient empâtées dans sa masse de nombreuses cardinies qu'il est impossible d'extraire. Les dalles de pierre dure quelquefois dolomitiques alternent avec des bancs de moellons caverneux et cloisonnés que les carriers appellent hérissons et qui constituent des cargneules également magnésiennes, mais moins que les pierres compactes au milieu desquelles elles se trouvent. Les couches d'argile interposées sont d'une teinte variant entre le bleu et le vert foncé.

La dureté de la pierre la rend très convenable pour faire des pavés. L'exploitation en est faite dans ce but à Champvert et au Moulin-à-vent, près Saint-Pierre-le-Moûtier.

Plus bas, les bancs calcaires atteignent de grandes épaisseurs, 3 et 4 mètres, comme on peut le voir au pont du Veurdre sur le bord de l'Allier et à Parence, près Azy-le-Vif. Les couches argileuses intercalées sont alors blanches.

Dans les bancs à pavés supérieurs on trouve :

Ammonites planorbis (Sow.); angulatus (Schloth); Johnstoni (Sow.); caprotinus (d'Orb.).
Trochus granum (Dum.).
Mitylus Stoppani (id.); scalprum (Goldf.); *variété différente de scalprum du lias moyen : voir Dumortier.*
Isastrea intermedia (de Ferry).

La formation des gros bancs subordonnés montre deux strates plus coquillères que les autres, l'une en haut dans la première couche d'argile blanche, l'autre au milieu de la hauteur totale de la série Hettangienne. Les animaux sont les mêmes; mais le second banc est surtout remarquable par une nouvelle et extraordinaire abondance de l'*Ostrea sublamellosa*, coquille qui avait disparu depuis le premier niveau où elle a été signalée.

On extrait à travers ces calcaires infraliasiques inférieurs :

Turritella Deshayesia (Terquem).
Pleurotomaria rotundata (Dum.) ou Natica carinata (Oppel.).
Pholadomya prima (Quenstedt).
Cypricardia Breoni (Martin); porrecta (Dum.).
Unicardium cardioides (d'Orb.).
Lucina arenacea (Terquem).
Avicula Sideloci (Martin.).
Ostrea sublamellosa (Dunker) *mais variété typique appelée* irregularis (Munster) *dans Dumortier*.
Neuropora mammillata (de Fromentey).

Enfin l'étage sinemurien se termine : tantôt comme au pont du Veurdre par des calcaires greseux, très durs et bleus, lesquels sont pétris d'encrines et suivis de grès assez bien caractérisés; tantôt à Saint-Saulge et Ternant par des alternances de bancs calcaires et de grès plus ou mois grossiers.

Au contraire à Saint-Révérien ce sont exclusivement des grès très beaux et d'un grain très fin qui reposent sur le trias.

Le dernier horizon sinemurien, qui correspond au sous-étage rhéticn, est également fossilifère; mais généralement on recueille des moules indéterminables. J'ai pourtant eu l'heureux hasard, en cassant des pavés de Saint-Révérien, d'obtenir deux magnifiques empreintes des végétaux de cette époque lointaine :

Clathropteris platyphylla (Gappert).
Otozamites latior (de Saporta).

ÉTAGE SALIFERIEN

A la suite des grès infraliasiques ou rhetiens, une lacune existe dans les terrains sédimentaires dont la faune permet de préciser l'âge et la position stratigraphique.

Les étages saliferien, conchylien et permien ne peuvent être discernés les uns des autres, si toutefois ils existent ensemble superposés. Je ne sache pas qu'un seul fossile animal ou végétal ait été trouvé dans la Nièvre parmi les niveaux dont je parle. Les gisements de plâtre et la couleur comme la nature des marnes irisées font bien reconnaître l'étage saliferien; mais, certains grès sous-jacents sont, sous le rapport pétrographique et minéralogique, tellement semblables à des grès évidemment carbonifères que je préfère confondre sous le nom unique de trias le massif qui surmonte le terrain houiller bien caractérisé. Le puits des Lacets à La Machine a traversé la partie inférieures du trias en dessous des marnes irisées. Sur une profondeur d'environ 140 mètres, point où on a atteint l'étage carboniferien, la coupe montre une succession de nombreuse couches de grès et de marnes en lits très peu épais, mais extraordinairement diversifiés par la couleur et la nature.

Les grès supérieurs aux marnes irisées en stratification concordante avec les couches gypsifères sont très visibles dans la tranchée de la route nationale, à l'entrée de Rouy, du côté de Billy.

ÉTAGE CARBONIFÉRIEN

On ne signale ordinairement cette formation que dans le prétendu bassin de Decize, lequel ne m'a jamais semblé une cuvette dans laquelle s'accumulaient les débris de la végétation luxuriante de cette époque, ainsi qu'on voit. sur une petite échelle, se former la tourbe de nos marais.

Le terrain houiller couvrait de grands espaces. Il a été divisé en régions distinctes par des éruptions postérieures.

L'étude des failles m'a conduit à cette manière de voir. M. Busquet m'a dit être arrivé, par des considérations différentes des miennes, à des conclusions qui concordent avec cette hypothèse.

Quoi qu'il en soit, si l'absence de toute coquille marine fait conclure à une sédimentation fluviale ou saumatre à La Machine, de nombreux fossiles marins établissent que les océans carbonifériens venaient au moins battre ces rivages et recevaient peut-être la même le delta dont les dépôts sont utilisés par l'industrie en ce moment.

La faune pélagique correspond à celle de l'horizon inférieur de Tournay.

La formation de la Nièvre devait se relier au nord avec les terrains houillers des bois de Montreuillon et de Cussy en Morvan, et au sud avec les gisements de Montluçon et de l'Ardoisière près Cusset. La lithologie et la stratigraphie s'accordent sur ce point avec la paléontologie.

Les sédiments marins se distinguent aujourd'hui des dépôts saumatres par la nature petrographique non moins que par le basculement des couches. Leurs assises, presque verticales, ont été redressées par la sortie des roches cristallines entre Rémilly et Savigny-Poil-Fol. Elles sont divisées en d'innombrables feuillets que séparent des faces de fissilité. Bien qu'elles soient fissurées dans divers sens, il est cependant facile de reconnaître les lits de pose. Les schistes se délitent au marteau parallèlement à ces derniers et non dans le sens des autres faces.

A Rémilly même, les dépôts quaternaires superposés sans doute aux sédiments à *Hélix Ramondi*, s'arrêtent subitement à la rencontre des roches azoïques qui formaient une falaise abrupte contre laquelle mugissaient les vagues miocènes.

Sur le chemin de traverse qui conduit de Rémilly à Lanty par la Chaume et non loin de la première localité sont des eurites à pâte bleuâtre contenant des rognons de pinite et surtout une grande abondance de petits cristaux dorés de sulfure de fer. Ils fournissent une bonne pierre à bâtir, à cause de l'épaisseur de leurs strates, fissurées dans tous les sens, mais permettant cependant d'obtenir des moellons assez gros et sans délit.

Un peu à l'ouest, le long de la route de Rémilly à la Grande-Vigne, on voit des carrières de quartzites, couleur blanc de lait et dont les faces de schistosité sont recouvertes d'épaisses couches de stéatite.

Le granit porphyroïde avec mica noir ne tarde pas à pointer en allant à Lanty. Ses vastes épanchements paraissent former le substratum de la contrée. Il passe à des schistes euritiques exploités comme matériaux d'empierrement à la Grande-Vigne. En ce dernier point, une filière de 1,50 seulement de largeur paraissant verticale et dirigée N. 60° E. est remarquable par la présence de grès avec nodules d'oxyde de fer. La couleur rouge des schistes feldspathiques contraste singulièrement de chaque côté de la fente, avec la teinte jaunâtre ainsi qu'avec le facies petrographique des grès.

Le porphyre rose quartzifère constitue la butte sur laquelle est bâti le village de Lanty. Cette roche est coupée aux Brouillats par un autre filon de quartzites avec nombreux cristaux de quartz.

Un porphyre granitoïde, encore avec mica noir, mais altéré à la surface du sol et bleu seulement dans les profondeurs, apparait ensuite jusqu'à Petit-Champ. En ce point, dans le vallon, le porphyre rose de Lanty se montre de nouveau; mais soudainement des grès schisteux avec cristaux de feldspath semblent les éboulis de la crevasse venant de Ternant et dont la lèvre orientale montre le terrain carboniférien le mieux caractérisé avec une épaisseur qui dépasse certainement un kilomètre.

Des poudingues de gros cailloux paraissent former des couches échelonnées à diverses hauteurs. Toutefois je n'ai pas bien observé, pendant le peu de temps que j'ai consacré à cette étude, si ces conglomérats signalent des failles comme je le crois, ou s'ils indiquent simplement des alternances de dépôts grossièrement grèseux et intercalés au milieu des strates feuilletées et terreuses qui constituent les schistes houillers du Morvan.

De même je n'ose certifier que les quartzites traversant les porphyres coïncident avec des fentes de crevasses. Peut-être y a-t-il des couches plissées en V. Actuellement mon seul but est de constater des affleurements. Je veux me borner à montrer que le terrain carbonifère de La Machine est séparé des couches du même étage de Savigny, Fléty et Avrée par l'éruption du porphyre de Lanty. C'est à ce soulèvement qu'il faut attribuer le redressement des schistes à l'est, tandis que du côté opposé une dépression considérable a permis les dépôts pliocènes de Fours sous lesquels s'étendent les calcaires tertiaires qui affleurent à Cercy et à Champvert. Les forces éruptrices se trouvaient évidemment dans un plan orienté N. S. Le maximum de la tuméfaction existe à Lanty. Les énergies décroissantes donnent lieu vers Ternant aux croupes doucement inclinées sur les pentes desquelles on voit superposées les marnes irisées et les dalles du lias inférieur.

Il n'est pas douteux que l'arête liasique qui butte contre le carbonifère de La Machine entre Champvert et Diennes soit également due à ce soulèvement. Je me borne à indiquer cette particularité dont l'explication m'entraînerait en dehors du cadre dans lequel je tiens à restreindre cette note.

Je veux seulement ajouter que j'ai visité la plus intéressante des localités dont je parle avec M. Julien. Je dois à ce savant professeur la confirmation de l'existence dans la Nièvre d'un facies pélagique de l'étage carboniférien. Il a déjà découvert le carbonifère supérieur de l'ardoisière; je suis heureux qu'il veuille bien mettre son talent à la publication d'un mémoire qui permettra, au sujet de cet affleurement nouveau et inconnu du carbonifère inférieur du Morvan, de rectifier les erreurs de la carte géologique éditée par l'administration du service des mines.

Les fossiles que nous avons recueillis ensemble sont nombreux. Je cite :

Helcion sinuosa (Koninck).
Chonetes variolata (id.).
Orthis resupinata (id.); michelini (id.).
Des peignes, une grande quantité de mityles, des échinodermes des genres Cidaris *et* Palæchinus; *enfin des tiges et bras d'encrinites en telle profusion que la pierre est quelquefois une véritable lumachelle.*

ÉTAGES DEVONIEN ET SILURIEN

Ces terrains, tout à fait primitifs dans la série des sédimentations, ne sont jusqu'à ce jour caractérisés ni paléontologiquement ni stratigraphiquement dans la Nièvre, si toutefois ils y sont représentés. Je ne connais encore aucun gisement coquiller de ces formations. L'absence de ce criterium ne me permet en ce moment que des conjectures sur l'âge des schistes noirs et azoïques intercalés entre les granits et le terrain houiller.

Toutefois, il y a lieu de croire à des découvertes intéressantes à ce sujet. J'aurais été heureux si ma situation de fortune et ma liberté m'avaient permis de consacrer quelques loisirs à des recherches dans ce sens.

Plusieurs indices me semblent confirmer l'espoir de résoudre heureusement le problème. Il ne me paraît pas impossible de découvrir des fossiles à travers les grès nullement métamorphisés qui sont emballés au milieu des schistes.

En tout cas, si cette preuve la plus convainquante de toutes fait défaut, on peut avoir recours à l'examen de l'antériorité des couches sédimentaires par rapport aux roches d'épanchement qui les ont recouvertes et aussi à la comparaison des éléments constitutifs du terrain avec les massifs paléozoïques des contrées voisines.

Ce dernier mode de recherches a été employé avec succès par M. Julien pour déterminer la position stratigraphique des lambeaux cambriens de Chatelperron et Saint-Léon dans l'Allier.

J'ajouterai que les quartzites steatiteux de Rémilly ont un certain air de ressemblance avec ceux de Saint-Léon.

RÉSUMÉ DE LA NOMENCLATURE DES TERRAINS

Je résume dans un tableau graphique les détails dans lesquels je suis entré, au sujet des aspects divers sous lesquels se présentent les différents étages. L'examen attentif des niveaux de chacun d'eux permet de voir facilement les parois des crevasses. Pour ce motif, j'ai dû m'étendre à leur sujet.

La puissance que je donne à chaque zône est une épaisseur moyenne, plus forte ou plus faible, suivant les localités. Le lecteur pourra juger d'un seul coup d'œil l'importance des terrains sédimentaires dans la Nièvre. Des chiffres sont placés de chaque côté du tableau. Ceux à gauche donnent la hauteur moyenne d'un étage complet; ceux à droite indiquent la hauteur de chacune des zônes de cet étage.

Étage	Épaisseur	Assise	Épaisseur	Description
TERRAINS QUATERNAIRES				Dépôts transportés par les courants diluviens.
ÉTAGE PARISIEN. — Miocène		A		Zône à Helix Ramondi et Anthracotherium magnum.
		B		Zône à Lymnea longiscata et Planorbis rotundatus.
ÉTAGE SÉNONIEN	10 »		10m »	Cailloux à micraster cor-anguinum.
ÉTAGE CENOMANIEN	36 30	A	15 »	Marnes blanches à Ostrea columba.
		B	8 »	Bancs de moellons.
		C	10 »	Bancs de pierre de taille.
		D	3 »	Argile verte.
		E	0 30	Graviers phosphates,
ÉTAGE ALBIEN	89 50	A	20 »	Sables rouges ferrugineux
		B	50 »	Sables blancs.
		C	10 »	Argile plastique.
		D	4 »	Grès verts.
		E	5 »	Sables verts.
		F	0 50	Cordons d'argile et de grès rouges.
ÉTAGE NÉOCOMIEN	7 »	A	1 50	Urgonien ou Néocomien supérieur.
		B	5 50	Néocomien inférieur.
ÉTAGE PORTLANDIEN	40 »	A	15 »	Calcaire lithographique sans Ostrea virgula.
		B	25 »	Calcaire lithographique avec Ostrea virgula.
ÉTAGE KIMMERIDGIEN	106 50	A	1 50	Argile.
		B	30 »	Calcaire compact à Ammonites longispinus.
		C	50 »	Alternances marneuses à Ostrea virgula.
		D	5 »	Calcaire pseudo-lithographique.
		E	20 »	Calcaire oolithique et silicieux à Terebratula subsella.
ÉTAGE CORALLIEN	125 »	A	25 »	Calcaire crayeux à Diceras arietinum.
		B	90 »	Calcaire graveleux.
		C	10 »	Marnes et coraux.
ÉTAGE OXFORDIEN	135 »	A	100 »	Baume bleuâtre.
		B	30 »	Calcaire à spongiaire et pierre dure de Narcy.
		C	5 »	Calcaire très ferrugineux et pétrie d'oolithes.
ÉTAGE CALLOVIEN	55 »	A	10 »	Bancs de moellons à Terebratula lagenalis.
		B	25 »	Calcaire compact à Ammonites coronatus.
		C	20 »	Marnes jaunes à Ammonites Macrocephalus.

Étage	Épaisseur	Couche	Épaisseur	Description
ÉTAGE BATHONIEN	118 50	A	8 »	Bancs très durs ou oolithiques à Rhynchonella quadriplicata.
		B	35 »	Terre bleue à ciment de Nevers — Bancs de moellons marneux suivis d'un massif exclusivement marneux.
		C	3 »	Couches argileuses très fossilifères.
		D	6 »	Calcaire compact.
		E	30 »	Alternances de bancs calcaires jaunes et de lits argileux également jaunes.
		F	35 »	Alternances de bancs calaires bleus et de lits argileux également bleus.
		G	1 50	Minerai de fer de Vandenesse et d'Isenay.
ÉTAGE BAJOCIEN	16 »	A	14 »	Calcaire à entroques.
		B	2 »	Banc gris pyriteux et minerai de fer de Gimouille et Lurcy-le-Bourg.
ÉTAGE TOARCIEN	68 »	A	8 »	Calcaires durs à Ostrea sublobata.
		B	60 »	Massif argileux bleuâtre.
ÉTAGE LIASIEN	90 »	A	10 »	Calcaires durs.
		B	60 »	Massif glaiseux.
		C	15 »	Calcaire à ciment de Corbigny.
		D	5 »	Bancs de calcaires et de marnes blanches.
ÉTAGE SINÉMURIEN	80 »	A	25 »	Pierre bleue à Ostrea arcuata.
		B	5 »	Bancs calcaires à gasteropodes.
		C	40 »	Calcaires infraliasiques alternant avec des cargneules et des couches marneuses bleues ou blanches.
		D	10 »	Grès infraliasiques.
MARNES IRRISÉES ET TRIAS				Marnes gypsifères.
				Alternances de lits de pierre baumard ou gréseux et de couches marneuses.
ÉTAGE CARBONIFÉRIEN				Terrain houiller de La Machine.
				Schistes très fissurés et surmontés de poudingues siliceux.
TERRAINS AZOÏQUES				

DEUXIÈME PARTIE

CONSIDÉRATIONS SUR LES FAILLES

On attribue les dislocations de l'écorce terrestre soit à une force éruptive venant de l'intérieur, soit à un affaissement d'une partie de la surface. Les ouvertures béantes des fractures, qui séparent les massifs disloqués, reçoivent spécialement le nom de failles. Tous les traités de géologie expliquent ces phénomènes. On conçoit que les roches dures, n'ayant pas l'élasticité nécessaire pour s'allonger ou se retreindre, comme le fer sous le marteau, il soit résulté des cassures dont les bords laissent entre eux certain vide. Tantôt les parois restent au même niveau, mais avec des inclinaisons différentes des couches ; tantôt une lèvre est portée à une plus grande hauteur que l'autre. Les courants ont ensuite érodé les arêtes saillantes et bouché les fentes avec les matériaux éboulés.

Ebray a décrit dans le département un certain nombre de crevasses. Je me suis d'abord occupé à les vérifier ; j'ai ensuite déterminé leur orientation, puis j'ai rapporté sur la carte les résultats obtenus. En recommençant plusieurs fois mes observations je me suis assuré que les failles ne s'arrêtent jamais subitement, comme on l'indique aujourd'hui sur les cartes géologiques. Une cassure unique ne forme pas de lignes brisées et ne change pas son alignement primitif. Toutes mes explorations m'ont conduit à cette loi qu'une même faille n'est jamais interrompue entre les points extrêmes où elle a été observée.

Quand une fracture en croise d'autres plus anciennes dans son chemin, son allure, ou plutôt l'effet accusé, se trouve seul modifié. L'énergie qui lui a donné naissance se partage quelquefois au profit de la dislocation antérieure, laquelle alors accuse un trouble apporté plus tard dans l'inclinaison de ses assises, mais la cassure récente se poursuit toujours en ligne droite en traversant la crevasse rencontrée.

On conçoit que son amplitude soit marquée par des effets bien différents suivant que son énergie a, ou non, épousé l'autre faille traversée. Ici le rejet persiste et une dénivellation des parois continue de la faire remarquer ; plus loin les lèvres apparaissent au même niveau mais le basculement des strates en sens contraire dénote l'accomplissement d'un travail plus considérable ; quelquefois aussi la faille s'atténue singulièrement.

Il n'est pas rare de voir une dislocation caractérisée dans une localité par cette particularité d'allure que M. Daubrée appelle diaclase, montrer à quelque distance les phénomènes paraclasiques, pour se présenter ensuite de nouveau sous la première forme, et cela sous l'influence d'autres cassures antérieures.

C'est seulement en s'attachant à une faille, et en la suivant, la boussole à la main, qu'on peut bien se rendre compte de ces faits.

Par ce moyen j'ai vérifié, qu'une orientation ayant été bien constatée pour une cassure, se répétait dans une série d'autres fractures qui suivaient des alignements parallèles. Ces dislocations, également orientées, sont quelquefois très rapprochées, et montrent toutes les nuances, depuis la faille avec une dénivellation des lèvres de plus de 500 mètres, jusqu'à l'étroite filière des carrières qui a simplement fragmenté la roche.

J'ai déduit naturellement de ce fait que l'énergie productrice des dislocations est elle-même dans un plan parallèle à leur direction.

On ne saurait, à mon avis, considérer, sans erreur, des failles irradiées par suite d'une même cause.

Le fait peut s'être présenté dans le cercle étroit d'un cratère volcanique, mais ne saurait avoir eu lieu quand une orientation se répète sur d'immenses espaces de la surface terrestre. Or, les failles que je considère offrent des tracés semblables à des ondes excessivement éloignées de leur centre de production. C'est ainsi que M. Julien m'a dit reconnaître dans quelques-unes de mes directions, celles-là même qu'il a, lui aussi, examinées en Auvergne.

Quoiqu'il en soit, j'appelle un système, l'ensemble de toutes les cassures parallèles.

Peut-être chaque système correspond-il à l'un de ces cataclysmes consécutifs auxquels on doit attribuer l'extinction d'une période géologique. En tout cas, dans mes recherches malheureusement incomplètes j'ai déjà découvert sept systèmes bien différents et peut-être un huitième comme je le dirai plus loin.

Je ne suis pas en mesure d'assigner à chacun d'eux un nom en rapport avec la date relative de son apparition. Je me borne dans cette note à le caractériser par son angle avec le méridien.

L'orientation d'une même faille varie quelquefois un peu sur le terrain, soit en plus ou en moins. J'ai inscrit le nombre moyen de degrès. On conçoit que mille causes nuisent à une détermination rigoureusement exacte. L'écart toutefois ne dépasse pas un degré.

J'ai construit une petite figure graphique sur laquelle chaque système est représenté par le même mode de ponctuation que sur la carte. Les angles de chaque système entre eux sont indiqués et aussi les angles de chacun d'eux avec le méridien. Cette figure est autographiée sur une page spéciale placée à la fin du mémoire.

Le 1er système, en allant de l'ouest à l'est, est orienté N. 75° O. Ses directions en grand nombre sont bien accusées dans le terrain houiller de La Machine. Les dénivellations des lèvres y dépassent 100 mètres. J'en ai suivi un autre alignement remarquable à Saint-Pierre-le-Moûtier.
Il est indiqué par deux lignes parallèles et alternativement réunies par un gros trait noir.

Le 2e système courant N. 18° O. est marqué par une série de traits pleins alternant avec des croix. — + + —

Le 3e système est aligné N. 9° O. Il doit certainement correspondre au soulèvement des roches azoïques du Morvan. Celles-ci constituent la lèvre orientale d'une de ses failles et buttent constamment contre les terrains liasiques entre Saint-Honoré, Moulins-Engilbert et Dun-sur-Grandry. Des lignes formées de croix juxtaposées permettent de le reconnaître. + + + +

Le 4e système situé dans le même cadran fait un angle de 3° avec le méridien. Je le distingue par des lignes pointillées. .....

Le 5e système est dans le cadran N. E. faisant également un angle de 3° avec le méridien. Des traits discontinus appellent l'attention sur ses directions. — — — —

Le 6e système court N. 12 E. signalé par des alternances de croix et de points + + ... + +. Il traverse les départements de l'Yonne et de la Nièvre. Il est très apparent dans le Cher où les affleurements de graviers phosphatés, dits d'Assigny, occupent exclusivement la lèvre occidentale d'un de ses alignements.

Enfin le 7e système s'écarte du méridien comme le premier, d'une façon inattendue. Il s'incline N. 52° E. Je l'ai indiqué par des traits pleins alternant avec des points. —...— ..—

Je n'ose pas encore classer dans un 8e système la direction N. 66° ou 67° E. que j'ai observée une seule fois à Corbigny et que j'indique par deux lignes parallèles. ==

Je ne saurais, sans augmenter les dimensions de cet opuscule, décrire en détail chacune des directions remarquées de ces systèmes divers. Mon but est simplement de mettre en relief certaines particularités non encore observées et d'appeler l'attention sur la nécessité de ne pas faire de géologie sans y joindre l'étude des failles.

J'avais fait mes tracés sur la carte d'état-major au 1/80.000; mais par une raison d'économie, j'ai dû, pour cette notice, utiliser une carte déjà dans le commerce. Malgré ses défectuosités, elle suffira, j'espère, au but restreint que je me propose.

Une belle image des cartes cantonales du département, avec les courbes de niveau, vient d'être publiée par le conseil général. Malheureusement le peu d'accord entre les altitudes et les routes ou chemins qui y sont figurés, conduit à des erreurs trop grandes pour le géologue. Les cotes de hauteur servent plus à celui-ci que tous les autres renseignements géographiques. Pour ce motif péremptoire, l'usage de la nouvelle carte doit être singulièrement restreint et je conseille de s'en tenir à la carte d'état-major que l'on complètera en y inscrivant toutes les altitudes dont on pourra se procurer les points exacts.

J'ajoute à la carte un certain nombre de coupes architectoniques. Le lecteur y joindra l'étude de celles qui figurent dans l'ouvrage de M. Ebray dont j'ai parlé plus haut. Je me suis proposé simplement de faire figurer tous les terrains pour qu'on voit leur contact en plusieurs endroits. Je ne donne pas ces coupes comme preuve des alignements des failles. Je réserve pour un autre travail de faire connaître chaque fracture par de nombreux profils échelonnés. Ceux-ci permettront alors d'en suivre le tracé, aussi bien sur la carte que sur le terrain.

Premier système

Failles de La Machine. — Je n'ai bien étudié qu'une faille de cette orientation et je l'aurais passée sous silence si M. Busquet ne m'avait indiqué les nombreuses crevasses qui lui sont parallèles à La Machine où les mineurs les connaissent par une expérience chèrement achetée. Bien plus, il n'y a guère que les failles de ce système qui soient bien développées dans le terrain d'où on extrait la houille.

Faille de Saint-Pierre. — La cassure que je mentionne passe à Saint-Pierre-le-Moûtier. Elle est surtout remarquable parce qu'elle renferme les terrains du lias moyen dans des triangles nettement déterminés par les fentes des dislocations, à Fontallier, à Bouchelin et à la Petite-Garde. L'ouverture qui sépare ce dernier point des Gravelats est large et les lèvres sont recouvertes de minerai de fer. J'ai déjà fait remarquer qu'à ce contact les argiles du lias sont colorées en rouge vif ainsi que les fossiles conservés dans leur masse. Elles buttent contre les marnes irisées avec lesquelles elles ont une certaine ressemblance extérieure.

Deuxième système

Faille entre Cosne et Azy-le-Vif. — Une des plus belles directions du 2e système est très apparente à Cosne et peut être suivie pas à pas jusqu'à Azy-le-Vif. En amont de la première localité, le lit de la Loire est pavé par les dalles fossilifères des grès verts du gault, au droit de l'embouchure d'un petit ruisseau sur la rive droite, tandis qu'à côté, à Port-Aubry, le terrain montre à la simple profondeur d'un fer de bêche les marnes blanches cenomaniennes à *Ostrea columba.* La lèvre orientale est affaissée d'environ 100 mètres.

Des poudingues et des cailloux roulés recouvrent le sol jusqu'à Saint-Andelain, où, de chaque côté de la butte qui porte ce village, on voit affleurer des niveaux très différents du Kimmeridge-clay. Toutefois, il y a là une atténuation de la cassure due au croisement d'autres crevasses entre ce village et Fontenille. La dislocation reparaît plus accentuée en amont de Pouilly. Le fleuve, à Charenton, coule sur la baume de l'oxfordien supérieur, tandis que la rive droite est formée par le corallien crayeux. La dénivellation n'est pas facile à mesurer à cause de la puissance de l'horizon baumard dans lequel aucun niveau géologique ne saurait être déterminé. Toutefois, on ne saurait l'évaluer à moins de 100 mètres, comme à Cosne, la lèvre relevée étant également la paroi occidentale. De Charenton à la Charité, on voit constamment l'oxfordien supérieur à l'ouest et le corallien à l'est. La fracture s'atténue encore entre Munot et la Maison-Fort, où elle sépare seulement des niveaux différents de la baume oxfordienne; mais à la Marche, elle redevient encore très-visible en faisant heurter la baume contre les bancs rouges coralliens du château Mal-Vetu.

A Trousanges, la chute de la levée affaissée peut être évaluée à 30 mètres. Les assises très supérieures du kelloway-rock ont été entamées sur le côté droit du chemin de fer et se trouvent au niveau des marnes inférieures du même étage qui constituent la lèvre orientale. La rencontre d'autres fractures a changé, en ce point, le côté affaissé des parois de la crevasse, suivie jusqu'ici avec la lèvre occidentale relevée.

Entre le domaine de Chantolles et l'établissement thermal de Pougues on observe, contre toute attente, la partie très inférieure de la terre à foulon avec *Belemnites fusiformis ;* mais c'est par suite d'un nouveau croisement de dislocations.

L'importance de la faille diminue toutefois sensiblement. Elle est à peine sensible, au-delà de Challuy où les dalles à entroques de la chaume Miloure sont de quelques mètres seulement plus basses que les mêmes assises exploitées au château du Vernay, La crevasse serait perdue aux yeux de l'observateur si on ne la retrouvait à Saint-Parize-le-Châtel par l'examen que le calcaire infraliasique exploité dans le village ne peut, par l'inclinaison bien accusée de ses couches, se trouver en contact avec la base du même étage dont les affleurements ont été mis à nus sur une grande longueur dans la tranchée en déblai du chemin de Moiry. Une recrudescence de l'amplitude du rejet est même ici très manifeste.

Enfin, je ne doute pas qu'on doive lui attribuer l'apparition des kaolins d'Azy-le-Vif qui se trouvent au croisement de cette faille avec celle du 1er système que j'ai signalée à Saint-Pierre. Les dépôts kaoliniques sont dans cette localité de deux âges différents et la couche supérieure est séparée de la couche inférieure par un sédiment d'argile réfractaire bien stratifié.

On peut voir que sur une longueur de près de 100 kilomètres l'orientation est toujours la même, malgré la différence des terrains traversés et l'importance plus ou moins apparente du rejet des lèvres.

Faille entre Pougues et Challuy. — Une autre dislocation parallèle à la précédente en est distante d'environ 1 kilomètre à l'est. Elle frappe l'œil le moins exercé, dans le voisinage du domaine du Grand-Ouche, en amont de La Charité. Là les marnes supérieures de l'oxford-clay heurtent les pierres de taille de l'oolithe corallienne. La lèvre affaissée est orientale.

Plus loin, la faille sépare simplement les assises de la même zône entre les carrières du château Mal-Vêtu et celles du four à chaud de Bel-Air, mais l'inclinaison des strates en sens opposé manifeste son passage. Au Tremblay, près Pougues, elle fait butter la terre à foulon de la tranchée de la route nationale contre les calcaires compacts de la partie supérieure du great-oolit près du château. La chute, en ce point, doit être évaluée à 30 mètres. A Garchizy, les marnes à *Ammonites macrocéphalus* qui servent de réservoir aux fontaines du village, sont au niveau des calcaires subordonnés à la terre à ciment de Nevers. Sur les bords de la Loire, aux Saulais, en aval de Nevers, la même couche du callovien inférieur est en contact malgré une inclinaison prononcée des strates, avec les dalles redressées du callovien moyen à *Ammonites coronatus.*

C'est principalement sur la route de Marzy à Nevers, au lieu dit Poil-en-Cul, qu'il faut voir toute la série des strates calloviennes renversée sur l'est, avec un angle de près de 45°. On doit attribuer à la dépression considérable du sol due à ce basculement des roches, l'introduction du lac miocène et la conservation des sédimentations tertiaires sur les Montapins, malgré le balayage de tous les terrains supérieurs par les courants quaternaires.

Ces accidents seront heureusement étudiés pour déterminer l'âge relatif de chaque système de failles, mais je m'éloignerais de mon but en cherchant à traiter cette question qui ne me paraît pas encore suffisamment éclaircie. Je reprends la faille au-delà du fleuve et j'indique à Challuy le contact des bancs inférieurs et supérieurs de l'étage bajocien. La dénivellation ici ne dépasse pas 12 mètres. Le passage de la crevasse continue cependant à être visible à travers les terriers d'argile plastique près Brignon. La stratification confuse des blocs à *Astarte subletragona* dénote, avec le lavage évident de la terre, que les matériaux éboulés ont été triturés par les courants qui respectaient les mêmes strates situées en dehors de la faille dans le voisinage.

Le croisement de deux autres failles coïncide avec l'apparition de l'eau minérale à Saint-Parize-le-Châtel et cause encore une dépression dans laquelle le calcaire lacustre a pu être conservé.

Près d'Azy-le-Vif, le calcaire sinémurien à *Ostrea arcuata* disparaît subitement à l'ouest des carrières de Tabourneau et Jean-le-Roy, exactement, suivant l'alignement déjà parcouru.

Faille entre La Chapelle-Saint-André et Rouy. — Mon intention étant simplement de signaler l'existence d'un système des failles orientées semblablement, je trace sur la carte toutes les dislocations que j'ai vues, mais je me borne à en décrire une troisième plus spécialement remarquable. Cette dernière fracture a limité du côté de l'ouest l'apparition des porphyres éruptifs entre Saint-Franchy et Rouy.

Ebray en a signalé le passage à Corbelin où les dalles à *Terebratula lagenalis* heurtent les oolithes coralliennes. Mais c'est principalement au domaine de Marolles, près Moussy, qu'elle s'accentue pour se manifester d'une façon surprenante, un peu avant Saint-Franchy, par le contact des strates liasiques avec l'arène porphyrique. Ce buttement des roches azoïques et éruptives continue jusqu'à Rouy suivant un alignement bien rectiligne et un parcours de plus de 20 kilomètres.

Troisième système

Faille entre Anthien et Saint-Honoré. — Si le système précédent a concouru à la délimitation du massif porphyrique de Saint-Saulge et si son apparition est au moins post-cénomanienne, puisque les strates de ce dernier étage semblent avoir été dérangées par une des fractures parallèles, le 3e système délimitatif des roches azoïques du Morvan paraît beaucoup plus ancien au premier abord.

La direction que j'ai tracée entre les eaux sulfureuses de Saint-Honoré et le village d'Anthien au-delà de Cervon, a plus de 50 kilomètres de longueur. Constamment les roches azoïques constituent la lèvre orientale, tandis que sur l'autre paroi apparaissent successivement les étages liasiques et le calcaire à entroques. Je signalerai la tranchée en déblai de la route nationale un peu avant Sainte-Péreuse. Le naturaliste verra avec plaisir la ligne verticale de la crevasse séparant sans brouillage des éléments et brusquement, la terre rouge de l'arène feldspathique et l'argile grise du lias moyen.

La fracture longe la carrière de l'Escanne à Moulins-Engilbert, fait butter contre les eurites le calcaire bajocien très superieur de Chamnay et près de Montreuillon met en présence le lias moyen et les granits blancs à pâte orthosique.

Faille entre Niautt et Cervon. — Une autre direction va de Cervon à Chougny par Mouron et Niault.

Faille entre Dirol et Chitry-les-Mines. — Une troisième ligne, à peu près parallèle au cours de la rivière l'Yonne, à l'est de Corbigny, coupe plusieurs fois le lit de ce cours d'eau, en traversant les coteaux escarpés qui forment les limites du thalweg de la vallée. On se rend bien compte ici de ce fait sur lequel j'ai appelé l'attention, à savoir : que les rivières n'ont point profité des fentes des dislocations pour y creuser plus facilement leurs lits.

Il m'a semblé que certains alignements de la faille indiquée dans le département du Cher entre la Chapelle-Hugon et Sancerre appartiennent au 3e système, mais je n'ai pas suffisamment observé ces localités.

Quatrième système

J'ai suivi de cet âge moins de directions, parce que j'ai reconnu plus tard le parallélisme des failles qui constituent le système. Les directions que j'ai examinées sont néanmoins des plus remarquables. Plusieurs raisons me portent à croire que ce système est contemporain de l'apparition des porphyres quartzifères de Saint-Saulge et qu'il est plus récent que la faille du 2e système simplement délimitative des affleurements azoïques ; mais de nouvelles études doivent être faites à ce sujet.

Faille de Saint-Saulge. — De Saint-Révérien à Rouy, sur plus de 25 kilomètres de distance, la roche porphyrique heurte les strates liasiques sans transition ni brouillage des éléments. Le basculement des calcaires de l'infralias est causé à Mont-Chenu près Saint-Saulge par le croisement d'une autre faille du système qui va suivre. A Rouy, l'arène et les marnes irisées sont en présence des dalles de l'infralias d'Abrigny.

La largeur de l'affleurement des roches éruptives diminue naturellement jusqu'à ce qu'elles disparaissent tout à fait au point précis de la rencontre de la faille considérée et de celle qui vient de la Chapelle-Saint-André.

Une observation est digne de fixer l'attention, c'est la présence, sur le sommet de la montagne des Bruyères à Saint-Saulge, des carrières de grès bigarrés qu'on voit parfaitement reposer sur les porphyres. Ces sédiments bien stratifiés se trouvent perchés à une hauteur de 200 mètres au-dessus des assises dont elles étaient la continuation avant l'éruption.

L'absence de toute espèce d'altération des pierres calcaires entourant le massif azoïque et aussi la rectitude des directions suivies par les crevasses, imposent la croyance à une force aussi brusque que violente, Le terrain a été coupé comme à l'emporte-pièce. Les grès du trias ont été laissés par les courants qui ont balayé les autres dépôts superposés et constituent un témoignage irrécusable de la soudaineté de ces cataclysmes antiques.

L'îlot porphyrique de Saint-Saulge isolé au milieu des calcaires liasiques et bajociens n'est pas un fait unique dans la Nièvre. D'autres montagnes éruptives offrent les mêmes particularités. On doit citer comme les plus importantes la butte entre Corbigny et Chitry-les-Mines, les environs de Lanty, ainsi que les hauteurs de Bonnay au sud d'Avril-sur-Loire. Leur étude singulièrement intéressante et surtout la connaissance des failles entre lesquelles ces soulèvements ont été cantonnés, jetteront une vive lumière sur la géogénie du pays.

Cinquième système

Faille par Cuncy-les-Varzy et Chevannes-Changy. — Cette direction facile à suivre depuis Andries dans le département dé l'Yonne jusqu'à la Loire en amont de la Charbonnière, a été observée par Ebray, qui l'appelait faille de Chevannes-Changy. Ce géologue, toutefois, n'en a pas reconnu l'alignement rectiligne que j'ai pu tracer sur plus de 100 kilomètres de longueur.

A la limite du département de l'Yonne, la chute de la lèvre orientale est d'environ 180 mètres. La dénivellation s'accentue vers Trucy-l'Orgueilleux. Ebray l'a calculée de 336 mètres. Vers Cuncy-les-Varzy le rejet est de 500 mètres ; l'oxfordien de cette localité heurte le lias moyen. C'est la plus grande dénivellation que j'ai observée dans ce pays où les terrains ont été érodés sur des hauteurs considérables.

A Chevannes-Changy sont en présence les pierres jaunes bathouniennes et les dalles à gryphées arquées. La différence entre les lèvres revient à 180 mètres. L'atténuation s'accentue rapidement vers le sud. A Marciges, elle ne se produit plus que dans la hauteur des zônes de l'étage liasien. L'énergie se manifeste pourtant très forte à Moussy. Elle grandit de nouveau à Sainte-Marie et à Agland, mais dans ces localités un renversement des strates a causé un changement de côté dans la lèvre qui montre le terrain le plus récent. On est, il est vrai, au croisement de la faille importante qui limite au N. O. l'éruption feldspathique de Saint-Saulge. L'intensité reparaît encore à Lavault où l'étage liasien et même le calcaire à gryphées arquées manquent sur la lèvre orientale.

Failles de Champvert. — A Champvert, près Decize, deux crevasses parallèles et séparées seulement par 450 mètres de distance montrent combien les dislocations seraient rapprochées si elles étaient toutes connues et tracées. L'une de ces fractures met en contact à la ferme du Port le trias et la pierre bleue à gryphées arquées. L'autre faille, à quelque distance vers l'est, offre une dénivellation de 25 mètres entre ses deux parois; elle fait heurter le sinémurien supérieur et les calcaires infraliasiques en séparant la carrière du Port des carrières de Champvert. Ces deux cassures, très faciles à suivre par Thianges et Anlezy, sont la cause qu'entre l'Aron et la Loire les dalles du lias inférieur apparaissent aux carrières de Corcelles et de Brain. Elles aboutissent à l'îlot porphyrique de Saint-Saulge un peu à l'est de Rouy, et le traversent certainement, car l'une d'elles réapparait très importante avant Saint-Saulge et présente à Crux-la-Ville un rejet de plus de 200 mètres en plaçant au même niveau d'altitude les dalles sinemuriennes et l'oolithe ferrugineuse qui surmontent le calcaire bajocien.

Ce que j'ignore, c'est la puissance de la fracture au milieu des porphyres. Les brouillages des roches azoïques créent des difficultés à l'observateur qui ne dispose pas d'un temps assez long. La solution des questions de ce genre est pourtant des plus importante et certainement sera le meilleur moyen d'assigner une date chronologique à chaque soulèvement.

Faille de Pougues. — Je parlerai de cette dislocation parce qu'elle cause le jaillissement d'eaux minérales dans un grand nombre de points échelonnés sur son passage, depuis le Tremblay au nord de Pougues-les-Eaux, jusqu'à Tazières au-delà de Fourchambault, suivant un parcours d'environ 10 kilomètres.

L'exactitude de son passage a été vérifiée à Fourchambault même, dans les excavations des calcaires bajociens qui disparaissent subitement au four à chaux de La Vallée, et sont remplacés par les marnes bathoniennes.

Une longue trainée sableuse recouvre l'emplacement de la crevasse sur certains points. A Tazières le calcaire à entroques très incliné sur la Loire fait affleurer l'argile plastique et les dalles à *Rhynchonella fidia* sur le sommet du coteau, près du château de M. Alfred Saglio.

La fente est surtout remarquable dans la falaise du Bec-d'Allier à l'embouchure de cette rivière. Le promontoire qui constitue les hauteurs dénommées: « la côte », est une montagne de 70 mètres d'élévation et escarpée du côté du fleuve. Les calcaires à entroques du bajocien occupent le sommet sur 7 à 8 mètres de hauteur. La succession des diverses zônes toarciennes se montre dans les vignes. Si on remonte la Loire en se dirigeant vers Nevers, on voit à quelque mètres de l'embouchure de l'Allier, disparaître soudainement les massifs glaiseux du toarcien, dont la couleur contraste singulièrement avec la teinte jaune des assises bathoniennes. La partie supérieure du great oolit présente au paléontologue de nombreux fossiles dans la hauteur de ses escarpements rocheux. La fente est assez large et remplie par les éboulis de plusieurs niveaux géologiques. J'y ai ramassé des coquilles des 3 faunes différentes des étages bathonien, callovien et oxfordien.

Failles de La Machine. — L'orientation du 5e système est répétée un grand nombre de fois dans les gerçures qui traversent les failles du 1er système à travers le terrain houiller de La Machine. Les dénivellations des premières sont en général moins fortes que les rejets des autres fractures croisées. Je dois signaler cette particularité, c'est que dans la concession de La Machine, deux systèmes de failles sont seuls connus. Cette formation paraît n'avoir pas été bouleversée par les dislocations des autres systèmes. Ce renseignement m'a été donné par M. Busquet.

Sixième Système

Deux grandes cassures ont été signalées par Ebray, mais ce géologue n'orientant pas ses alignements sur le terrain, les a fait passer par des points appartenant à d'autres fractures.

Faille de Sainte-Colombe. — La fracture à laquelle il donne le nom de faille de Sainte-Colombe présente dans le département de l'Yonne, à l'est de Saint-Sauveur une faible dénivellation de la lèvre occidentale d'environ 15 mètres. En descendant vers le sud, cette chute paraît rester sensiblement la même sur une assez grande longueur ; elle croît ensuite assez rapidement pour devenir maximum, à l'est de Vielmanay, où le balayage de 2 étages, le callovien et l'oxfordien, a été nécessaire au nivellement du sol dans l'état où nous le voyons aujourd'hui. Cette accentuation diminue aussi promptement qu'on la vu grandir. Près de Pougues, au Tremblay, le partage de l'énergie entre plusieurs crevasses ne permet de reconnaître la fente qu'au changement d'inclinaison des gros bancs de l'oolithe moyenne exploités à la carrière du château et de ceux mis à découvert dans la tranchée de la route de Chaulgnes, au hameau des Berges.

Faille de Menou. — La seconde direction qu'Ebray appelle faille de Menou a été reconnue au nord, près Etais. Elle augmente d'importance en allant sur Menou. Vers cette localité, la paroi orientale est affaissée d'environ 90 mètres. A quelque distance d'Arbourse le rejet atteint 200 mètres et paraît maximum. Il diminue ensuite pour n'être plus que de 80 mètres à Saint-Aubin-des-Forges. Dans la traversée même de la gare du chemin de fer à Nevers, la dénivellation se traduit seulement entre les gros bancs calloviens à *Ammonites coronatus* et les marnes inférieures du même étage qui forment les talus de la promenade du Parc. Pourtant en ce point l'aspect de la cassure est saisissant. On voit subitement élevés au niveau de la cour du clos Saint-Joseph les mêmes calcaires calloviens dont les tranchées des talus du chemin de la rotonde font ressortir les puissantes assises. Sur la rive gauche du fleuve, la cassure est assez facile à suivre jusqu'à l'Allier ; une veine de sablon a très bien aligné son passage dans la tranchée du chemin de fer entre La Tour et Le Blenay un peu avant la gare de Mars-sur-Allier.

Faille de Jailly. — Non moins remarquable est l'alignement qui part de Saint-Revérien et va par Lavault et Sougy traverser la Loire à Avril-sur-Loire. Cette fracture détermine un côté du périmètre dans lequel est cantonnée l'éruption des roches azoïques de Bonnay dont j'ai parlé plus haut. Si on découvrait que les granits de Saint-Franchy ne font point une même masse avec les porphyres quartzifères de Saint-Saulge, on pourrait avancer que la faille de Jailly est aussi délimitative de ces derniers. Alors se présenterait cette singularité qui m'a frappé souvent, à savoir, que les porphyres quartzifères entre Rouy, Saint-Franchy et Saint-Révérien sont renfermés exactement dans un triangle isocèle.

Une parallèle à cette dislocation est très accentuée près de Billy-Chevannes. Toutes deux concourent à isoler entre leurs alignements les roches sinemuriennes des carrières de Teinte et Sougy.

Failles de Ternant. — Dans le sud-est du département, trois directions parallèles sont bien accusées près de Ternant. Elles font affleurer les couches à gryphées arquées et les calcaires de l'infralias au milieu de schistes azoïques et de poudingues ou conglomerats siliceux qui sont utilisés pour l'empierrement des routes.

La crevasse médiane sépare seulement les dalles sinemuriennes de différents niveaux géologiques. Les deux autres ont une de leurs parois exclusivement constituée par les schistes noirs et les poudingues. En outre leurs fentes sont remplies de traînées sablonneuses lesquelles, ou donnent lieu à des exploitations pour les verreries au four Malakoff, ou servent à la construction près le hameau des Sablons.

Septième Système

Ce système a été principalement observé dans les cantons de Nevers et de Saint-Pierre ; mais il se prolonge très loin vers le nord-est. Une de ses directions aboutit à l'extrémité sud de l'îlot porphyrique de Saint-Saulge entre le Petit Taillis et Rouy. Ses tracés traversent à peu près normalement la Loire entre Avril et le chef-lieu du département. Elles sont remarquablement visibles sur les coteaux escarpés de la rive droite du fleuve. Des basculements inattendus des roches bajociennes, comme à la Chevrette près Saint-Ouen les signalent aux yeux les moins expérimentés.

Faille d'Imphy. — Au village de La Fermeté dans la vallée de l'Ixeure, les dalles à entroques de la carrière de La Croix sont surmontées de roches bleuâtres avec *Belemnites fusiformis* de la terre à foulon. Elles disparaissent inopinément, en montant au bourg et sont remplacées par des marnes calloviennes recouvertes de meulières que les courants pliocènes ont disposées sur les hauteur environnantes. La chute de la lèvre septentrionale est environ de 120 mètres. Le calcaire du corn-brash constitue la même lèvre jusqu'à Imphy. Le lit de la Sardolles coïncide à son embouchure avec la cassure. Celle-ci traverse la Loire au droit de Chevenon. Elle fait affleurer dans ce village et à Savigny les strates très supérieures de la terre à foulon ou plutôt les assises inférieures du great oolit, au moins à en juger par le facies lithologique, car je n'ai trouvé dans ces dernières localités aucun fossile déterminatif. A Magny-Cours, la faille montre les dalles de pierre bleue avec *Ostrea arcuata*, entre les strates infraliasiques des carrières de Pontaubert et de Moiry.

Failles de Saint-Pierre. — A Saint-Pierre-le-Moûtier, plusieurs tracés appellent l'attention. L'un partant de l'Allier arrête subitement la série puissante des calcaires hettangiens du pont du Veurdre et montre sa fente remplie par une longue traînée sableuse. Cette fracture met en contact les bancs sinemuriens à gasteropodes de Livry avec les calcaires du même étage mais très inférieurs des carrières ouvertes entre Le Bost et Marcigny. La lèvre affaissée est également septentrionale. A Saint-Pierre même, les cargneules des excavations du moulin-à-vent, heurtent la couche transitoire du lias moyen et même l'argile qui lui est supérieure dans la pointe de terrain comprise entre la crevasse et une autre faille venant de Pont-Saint-Ours. Le passage de cette dernière est bien accusée entre le four à chaux de Bouchelin et la pierre bleue qu'on tire sur le bord de la route de Decize. Dans le bois des Vertus, une source d'eau minérale semblable à celle de Saint-Parize-le-Châtel jaillit dans le prolongement de la crevasse de Saint-Pierre.

Une autre faille court parallèlement à 1 kilomètre de distance. Elle traverse les kaolins de la Baravelle. La formation de ces argiles siliceuses est alignée suivant une longue ligne droite et a été rencontrée dans le percement du tunnel du chemin de fer. Avant d'arriver au Rondeau la fracture sépare le lias moyen des marnes irrisées qui affleurent entre le tunnel et la route nationale et constituent la lèvre méridionale jusqu'aux Gravelats. Le croisement d'une autre crevasse fait apparaître à la tuilerie de la Petite Garde, les argiles rouges ferrugineuses de l'étage liasien.

Le miocène couvre de grands espaces dans le canton de Saint-Pierre. A Uxeloup, la fente est remplie par le sable des carrières ouvertes en cet endroit sur la rive gauche de la Loire. Les deux failles que je viens d'indiquer sont recouvertes par le calcaire lacustre, mais dans le coteau de la rive droite, on peut se rendre compte combien elles sont nécessaires pour justifier les inclinaisons énormes des dalles bajociennes situées malgré cet accident, à la même altitude, dans les carrières de Port-des-Bois et de la Chevrette.

La dernière des crevasses de Saint-Pierre se poursuit visiblement jusqu'au delà de Rouy. Au sud de cette localité, entre Meas et les Pottes, on voit la pierre bleue à *gryphea arcuata* heurter les strates infraliasiques.

Huitième système

Sans vouloir encore classer dans un système nouveau la faille que j'ai signalée à Corbigny, je dois cependant la décrire.

Entre Ardan et Mezières sur la rive gauche de l'Yonne, près Chitry-les-Mines, la galène argentifère a été déposée sur les bords des lèvres par les émanations sorties de l'ouverture de la crevasse. Vers Chaumot, dans la traversée du canal, le passage est marqué par le contact du granit et des marnes irisées. De l'autre côté de la vallée, la cassure délimite les affleurements des assises supérieures de l'étage sinémurien, Elle a certainement fracturé le granit qui réapparaît au moulin de l'étang en face de la pierre bleue à *Ostrea arcuata* sur laquelle est bâtie la ville de Corbigny. Vers la Garenne, des épanchements siliceux ont eu lieu. Ils séparent à quelques mètres de distance la même roche du lias inférieur et les strates du calcaire à ciment qu'on exploite dans une carrière voisine, sur la lèvre méridionale de la dislocation. Dans les vignes au nord de Rennebourg, la zône supérieure du lias moyen avec *Pecten æquivalvis* se trouve interrompue inopinément et fait place à une trainée de cailloux roulés. Enfin la crevasse traverse la rivière l'Auxois et se retrouve vers le haut de Magny-Lormes où Ebray a déjà constaté des croisements de failles très accentués.

D'autres directions de cassures m'ont été indiquées. Je n'ai pas eu encore occasion de les vérifier. C'est ainsi qu'à Corbigny, où les points de failles sont si nombreux, le frère Anastase m'a parlé de deux dislocations lesquelles partant ensemble de La Chaise, se dirigent l'une par la Garenne et l'autre par Rennebourg. Je n'ai passé que deux jours à Corbigny en excursions, pourtant je conjecture que ces deux derniers alignements correspondent chacun à une ligne brisée laquelle comprend plusieurs gerçures d'orientations différentes.

CONCLUSIONS

J'ai voulu, dans cette note, mettre simplement en relief quelques faits. Bien que mon étude soit limitée au département de la Nièvre, le souvenir de mes observations géologiques en Normandie pendant trois ans, me porte à croire que j'arrive à des résultats susceptibles d'être généralisés.

Je termine par les conclusions qui dérivent des hypothèses que j'ai émises et sur lesquelles j'appelle la discussion après que des observations consciencieuses auront été répétées sur le terrain :

1° Il existe une orientation unique et spéciale à laquelle sont soumis un grand nombre de failles souvent très rapprochées et se répétant parallèlement sur des espaces considérables. La réunion des fractures parallèles constitue ce que j'appelle un système de dislocations;

2° L'orientation est la même dans la longueur d'une direction observée, laquelle paraît toujours rectiligne, au moins sur des distances qui ne dépassent pas 100 kilomètres, ce qui est le cas dans lequel je me suis placé;

3° Le fait du parallélisme de toutes les fentes d'un système conduit à l'idée de leur parallélisme avec un plan vertical et central par lequel passe la résultante des énergies qui ont causé les dislocations considérées,

4° La conséquence est une date chronologiquement différente pour l'apparition de chaque système;

5° La cassure nette des roches fait attribuer aux forces ayant causé les fractures une cause à la fois soudaine et très violente.

Le déluge biblique est probablement attribuable à un phénomène astronomique comme la précession des équinoxes ainsi que l'a insinué M. l'abbé Hamard.

Il a coïncidé avec le paroxysme des pluies de l'âge glaciaire. Les poissons et les autres animaux aquatiques n'ont pas été anéantis. La faune terrestre a été conservée par Noë. Il y a eu une inondation, mais non un cataclysme du genre de ceux qui séparent les étages géologiques entre eux.

6° Les directions rectilignes des failles n'ont pas été influencées par la rencontre d'autres crevasses préexistantes, ou par les reliefs du terrain. Le sens de la dénivellation des lèvres en même temps que la hauteur du rejet des parois, ont seulement été modifiés par le basculement des roches mises de nouveau en mouvement.

7° Une crevasse n'est jamais arrêtée subitement par la rencontre d'une ou plusieurs autres fentes plus anciennes. Celles-ci, toutefois ont souvent épousé les énergies du système nouveau. Dans ce cas, les effets se font sentir sur les massifs déja disloqués antérieurement. L'importance de la crevasse est diminuée ou accentuée par cet accident.

8° Aucune trace d'animalisation marine n'existe dans les terrains miocènes. Le sol actuel de la Nièvre est exondé des océans dès avant cet époque.

9° Les vallées ne coïncident nulle part, au moins d'une façon saisissable, avec les directions des failles. Les sommets élevés sont indifféremment traversés par les cassures. Les cours d'eau importants n'ont pas ordinairement établi leurs lits dans des points plus facilement affouillables, à cause de l'émiettement des roches éboulées dans les fentes. Leurs alluvions recouvrent toutes les fractures. Les pluies persistantes de l'âge quaternaire ont seulement creusé les vallées dont le dernier cataclysme avait tracé les thalwegs.

10° La disparition, sur une paroi de faille, de plusieurs étages qui formaient l'arête de la lèvre opposée, prouve des dénudations considérables à différentes époques.

Le département de la Nièvre est une contrée qui mérite d'être citée et deviendra un jour classique pour les géologues. Elle montre, sur des espaces restreints, les affleurements de presque tous les horizons géologiques connus. Elle permettait mieux que toute autre région de faire les constatations qui font l'objet des lignes précédentes.

Mes observations ont été faites sans idées préconçues. Elles m'ont conduit naturellement et presque fatalement aux résultats que j'ai consignés. Sans doute, il reste beaucoup à faire. La quantité des dislocations que j'ai suivies est restreinte par rapport au grand nombre de celles que j'ai entrevues. Le présent mémoire n'est pas un traité sur la matière; il se borne à relater la coïncidence d'un nombre de faits suffisant pour justifier la théorie adoptée.

Je possède tous les fossiles dont j'ai donné la nomenclature avec l'indication des localités et des niveaux géologiques où je les ai ramassés. La vérification de mes assertions est facile. Je me ferai un plaisir de les contrôler sur le terrain avec les vrais amis de l'histoire naturelle qui pourront venir visiter notre beau Nivernais. La géologie, du reste, ne veut pas être étudiée à la lorgnette ou « de auditu ». Elle réserve les plus agréables surprises à ceux qui la traitent avec le respect qu'elle mérite et les récompense largement de leurs peines.

Puissent ces pages avoir suggéré à plusieurs, la pensée d'emporter dans leurs excursions la boussole et le marteau du géologue. Je leur promets par expérience, des jouissances splendides, à la recherche de la Vérité. Les anciens plaçaient au fond des puits ce très aimable attribut de la Divinité. De nos jours la Vérité est toujours cachée ; mais pour en faire savourer tous les charmes à ses sens et à son cœur, il suffit quelquefois de fouiller la surface du sol avec le désir d'en pénétrer les mystères.

Orientation des Systèmes de Failles reconnus dans la Nièvre

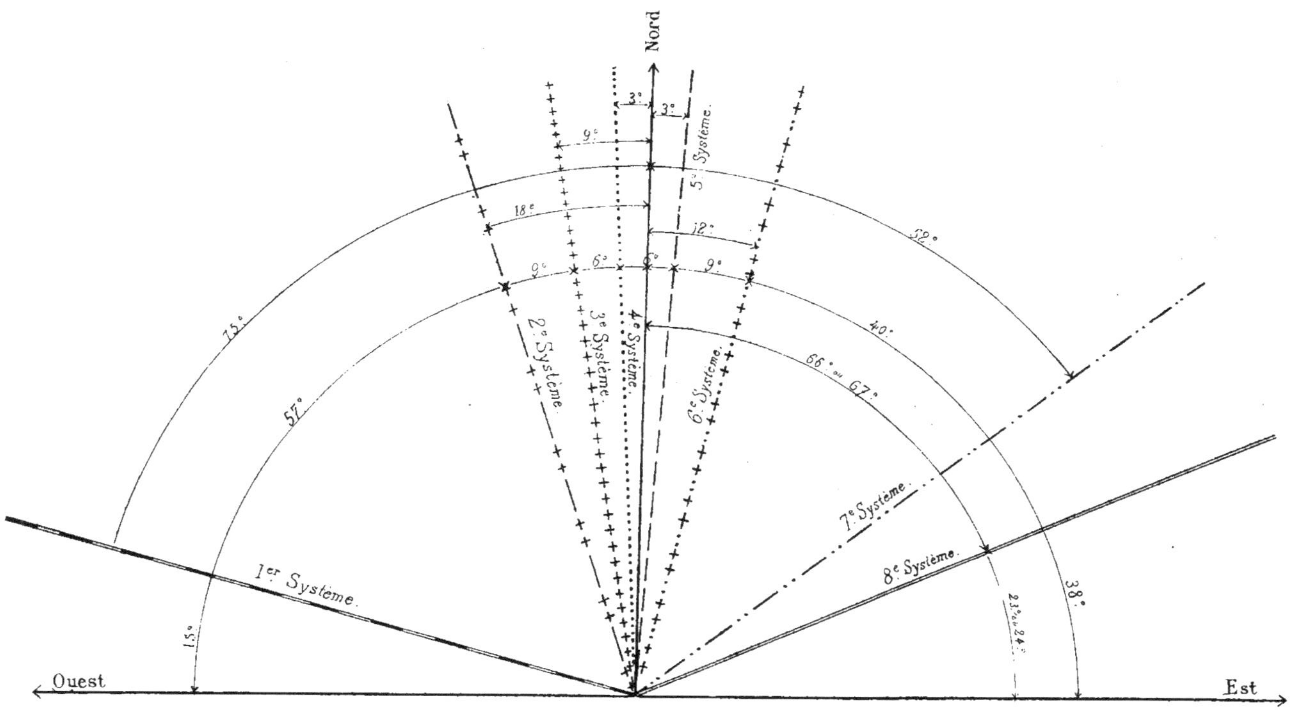

Nord
3°
3°
9°
5e Système
18°
12°
52°
9°
6°
6°
9°
75°
2e Système
3e Système
4e Système
6e Système
40°
66° ou 67°
57°
7e Système
1er Système
8e Système
15°
23° ou 24°
38°
Ouest
Est

Coupe N° 1, par Neuvy et les carrières des Brûlées

Neuvy
Cailloux
Dépôts diluviens de Cailloux Sénoniens
Cénomanien D E
Albien A B
Cailloux
Cénomanien D E
Albien A B
Le Cadon
Cailloux Sénoniens
Éboulés de Sable
Cénomanien D E
Albien A B C D E F
Néocomien
Portlandien A B
R^au de l'Oeuf
Albien
Bois des Brulées
R^te N^le

Coupe N° II par Cosne et Pougny.

La Loire
Cosne
Gare du chemin de fer
Néocomien
Albien
Portlandien
Albien
Néocomien
Portlandien
Le petit gué Botton
A
Portlandien
A B C D E
Kimmeridgien
Les Lopieres
Cailloux et Poudingues
Pougny
Corallien crayeux A

Coupe N° III par Sancerre et Tracy.

Sancerre
Cailloux senoniens
Cénomanien
Corallien
Albien
Néocomien
Sables d'alluvions
La Loire
Portlandien
Cailloux
Tracy
Cailloux et poudingues
Cénomanien
Albien
Sables
Kimmeridgien
Portlandien
A
B
Kimmeridgien

Coupe N° IV par Donzy et la Bretonnière

Dépôts diluviens de Cailloux
Rau le Nohain
Donzy
Cailloux calloviens
Corallien
Callovien
A
B
C
Oxfordien
Bathonien
La Bretonnière
Dépôts diluviens de Cailloux calloviens
Callovien C
Bathonien

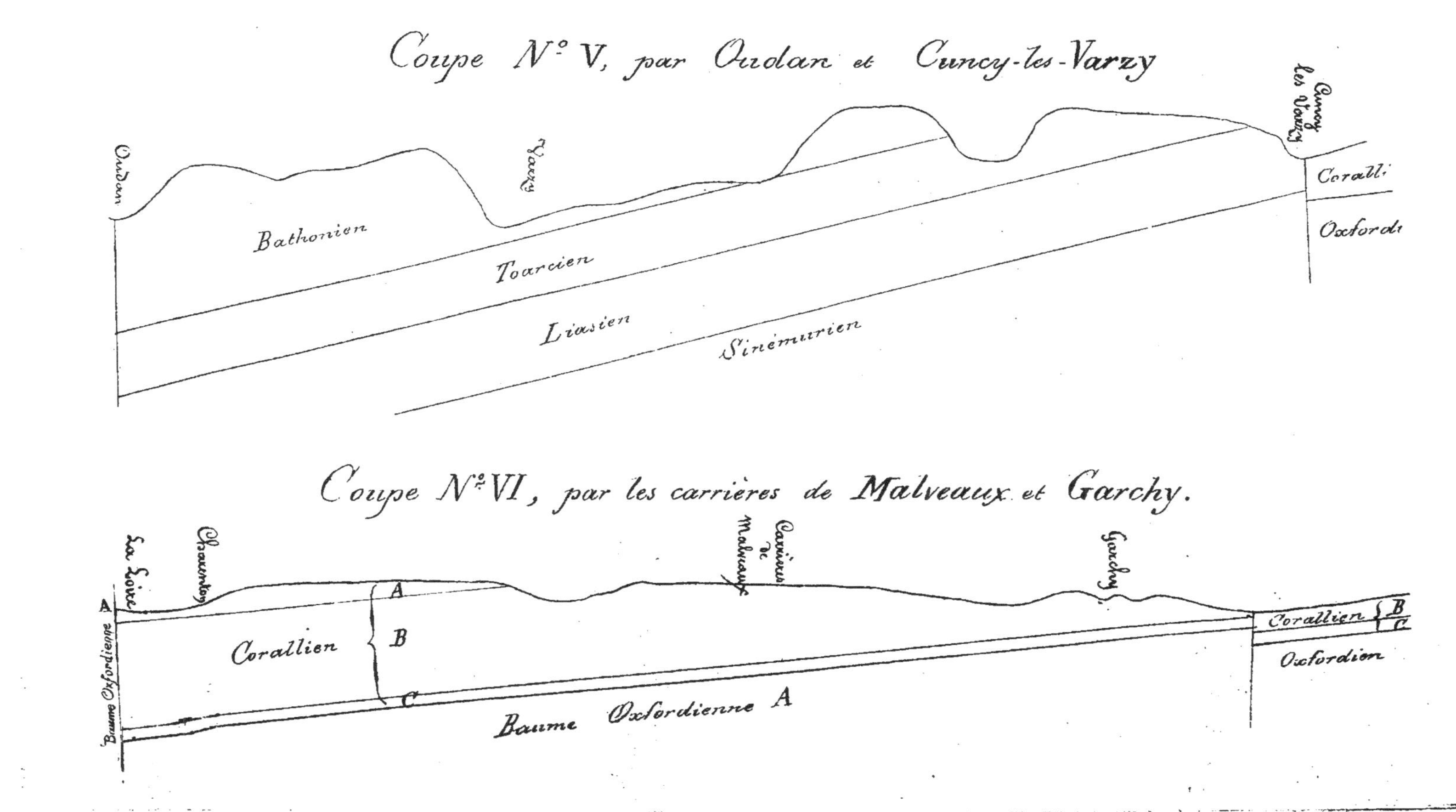
Coupe N° V, par Oudan et Cuncy-les-Varzy
Oudan
Varzy
Cuncy les Varzy
Coralli
Oxfordi
Bathonien
Toarcien
Liasien
Sinémurien
Coupe N° VI, par les carrières de Malveaux et Garchy.
La Loire
Charenton
Carrières de Malveaux
Garchy
A
B
C
Corallien
Oxfordien
Baume Oxfordienne A
Baume Oxfordienne

Coupe N° VII par Mesves et les carrières de Narcy.

Vallée de la Loire
Mesves
Village de Buly
Neuville
Village de Narcy
Carrières de Narcy
Baume Oxford. A
Corallien { B C
Corallien { B C
Oxfordien B
Oxfordien B

Coupe N° VIII, par la Charité et les carrières de Narcy.

La Charité
St Joseph
Carrières de Ste Hélène
Carrière de Soudes
Rau de Passy
Carrières de Narcy
Baume Oxfordienne A
Oxfordien A
Corallien { B C
Corallien { B C
Oxfordien { B C

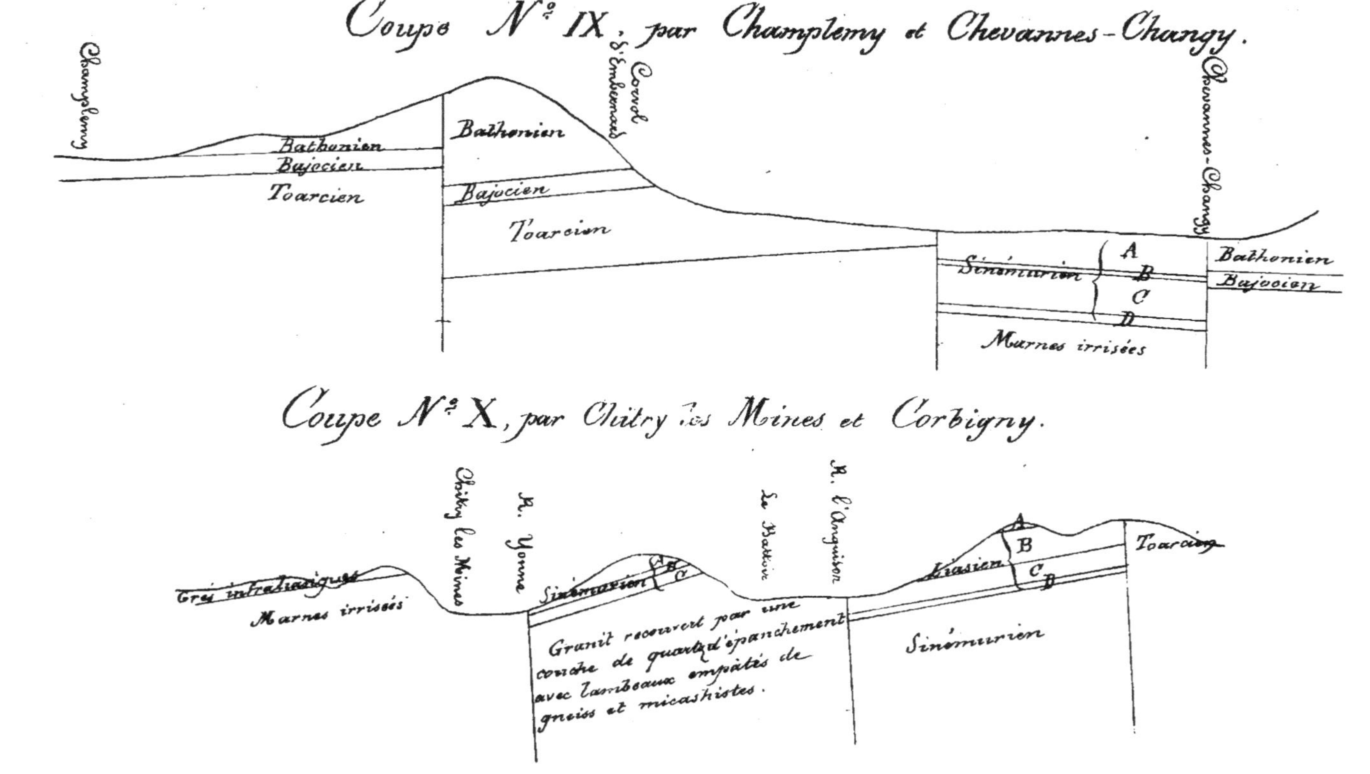
Coupe N.° IX, par Champlemy et Chevannes-Changy.
Champlemy
Corvol d'Embernard
Chevannes-Changy
Bathonien
Bajocien
Toarcien
Bathonien
Bajocien
Toarcien
Sinémurien
A
B
C
D
Marnes irrisées
Bathonien
Bajocien
Coupe N.° X, par Chitry les Mines et Corbigny.
Chitry les Mines
R. Yonne
Le Battoir
R. l'Anguison
Grès infraliasiques
Marnes irrisées
Sinémurien
A
B
C
Granit recouvert par une couche de quartz d'épanchement avec lambeaux empâtés de gneiss et micashistes.
Liasien
A
B
C
D
Sinémurien
Toarcien

Coupe N° XI, par Tronsanges

La Loire
Sable
Banne Oxfordienne A
Oxfordien
Callovien
Tronsanges
Bathonien
Les Cogues
Cailloux Calloviens
Bajocien
Eugnes
Cailloux Calloviens
Callovien

Coupe N° XII, par Soulangy et le Mont Givre à Pougues

La Loire
Callovien
Bathonien
Butte de Soulangy
Dépôts diluviens de Cailloux Calloviens.
Sables
Bathonien
Bajocien
Pougues
Mont Givre
Dépôts diluviens de Cailloux Calloviens
Callovien
Bathonien

Coupe N° XIII par St Benin des Bois et la Montagne des Bruyères de St Saulge.

St Benin des Bois
Rivière la Nièvre
St Marie
St Martin
Ron de l'Étang du Bois
Les Bruyères de St Saulge
Mont Chenu

Bajocien
Toarcien
Bajocien
Bajocien
Toarcien
Liasien
Granit porphyroïde
Porphyre quartzifère rouge
Trias
Sinémurien
C
D
Trias

Coupe N° XIV, par Challuy et Chevenon.

Cault
Challuy
Brenoux
Chérigny
Chaumont
Chevenon

Bathonien
E
F
G
Bajocien
Bajocien
Toarcien
Bajocien
Bajocien
Toarcien
Liasien
Bathonien
E
F
G
Bajocien
Bajocien
Toarcien
Liasien
Miocène B
Zone barthonienne
Barthonien
E
F
G
Barthonien
E
F
G
Bajocien
F
G
Barthonien
Bajocien
Toarcien

Coupe N.° XV, par le Guétin et le chateau du Vernay près Challuy.

Le Guétin
Rivière d'Allier
Mussy
Le Vernay
Bathonien F G
Bajocien A B
Toarcien
Sables d'alluvion
Bajocien A et B
Bath. G
Baj. A B
Bajocien A et B
Bajocien A B
Toarcien

Coupe N.° XVI par Moiry et S.t Parize-le-Châtel.

Moiry
S.t Parize le Châtel
Sables d'alluvion
Sinémurien C D
Sinémurien B C D
Marnes irrisées
Miocène B
Zone barthonienne

Coupe N° XVII par St Pierre-le-Moutier

Vallée de l'Allier.
Cailloux et sables et alluvions
Fontallier
Liasien
Sinémurien
Trias
Gare de St Pierre-le-Moutier
Rte Nle
Bouchelin
La Petite Garde
Baudrevillé
A B C D

Coupe N° XVIII, par Apremont et le Guétin.

Village d'Apremont
Bathonien
Bajocien
Les Lorrains
Chin de fer d'Orléans
Gare du Guétin
Rte Nle
Le Guétin
A B D E F G

Coupe N° XIX, par le Gué d'Heuillon et St Eloy.

Les Bories — Le Gué d'Heuillon — P^t St Ours — Trangy — St Eloy

Cailloux Calloviens — Oxfordien — Callovien A B C — Bathonien — Oxford. — Cailloux calloviens — Callovien B C — Bathonien — Alluvions — Callovien — Callovien B C A — Bathonien A B C — Sables — Bathonien — Bajocien — Bajocien — Sables — Tourcien

Coupe N° XX, par St Ouen et Béard.

Port des Bois — St Ouen — D^t du Mont — Béard — Apilly

Bajocien — Tourcien — Miocène zone barlonienne B — Bajocien A — Tourcien B — Liasien — Miocène zone barlonienne — Tourcien B — Miocène - Zone barlonienne B — Sinémurien A B C D

Coupe N° XXI, par Decize et Champvert.

Coupe N° XXII, par Vandenesse et St Honoré.

Coupe N° XXIII, par Remilly et Savigny-Poil-Fol.

Remilly
Lanty
Les Brouillats
Etang de Cte Lebrau
La Roche
Pomay

Sables pliocènes
Dépôts miocènes
Eurite bleuâtre
Quartzite blanc stéatiteux
Granit porphyroïde rouge
Grès siliceux avec nodules d'oxyde de fer
Porphyre rose quartzifère
Quartzites avec nodules de quartz
Granit porphyroïde
Porphyre rose quartzifère
Grès et poudingues
Schistes argileux carbonifères
Poudingue
Schistes argileux carbonifères
Poudingue
Schistes argileux carbonifères
Schistes grisâtres et caverneux
Schistes durs et noirs
L'étage carboniférien sédimentaire
Terrain éruptif

Coupe N° XXIV, par St Seine.

St Seine
Rau St Hirey
Fromenteau

Schistes azoïques
Sinémurien
C
D
Marnes irrisées
A
B
C
D
Sinémurien
Marnes irrisées
Schistes et conglomérats carbonifères.

Coupe N° XXV, par Billy et Rouy.

Billy — Nanteuil — Maisons vis à vis Brunet — Vesvre Conseuille — Rû de Treugny — Rouy — Abrigny — Rû la Canne — Les Faribouts

Sinémurien — A — B — C — grès — Marne et grès salifériens — Arène porphyrique

Coupe N° XXVI, par Billy et Dunphlun.

Billy — Chatieau de Dunphlun

A — B — C — Sinémurien — Siné murien — D — Marnes irrisées

Coupe N° XXVII, par Rouy et Méas.

Rouy — Rû la Canne — Moulin du Charzeau — Méas

Marnes et grès salifériens — Arène porphyriques — Sinémurien — A — B — C

TABLE DES MATIÈRES

ERRATA

Page 6, ligne 15, à partir du bas, au lieu de *le théorie*,
lisez *la théorie*.

— 9, — 10, à partir du haut, au lieu de *Hobectypus*.
lisez *Holectypus*.

— 19, — 7, à partir du bas, au lieu de *Bakeriæ* (Sow.); *polyplocus* (Reinecke),
lisez *Bakeriæ* (Sow.); *Banksii* (id.); *polyplocus* (Reinecke).

— 24, lignes 11 et 18, à partir du haut, au lieu de *Quenstidt*,
lisez *Quenstedt*.

— 26, ligne 2, à partir du haut, au lieu de *l'étagc*,
lisez *l'étage*.

— 26, — 12, à partir du bas, au lieu de *Nenarensis*,
lisez *Venarensis*.

— 30, — 22, à partir du haut, au lieu de *curitiques*,
lisez *euritiques*.

— 30, — 1, à partir du bas, au lieu de *l'ardoisière*.
lisez *l'Ardoisière*.

— 36. — 14, à partir du haut, au lieu de *snivi*,
lisez *suivi*.

Coupe n° 1, au lieu *des Brulées*,
lisez *des Brulies*.

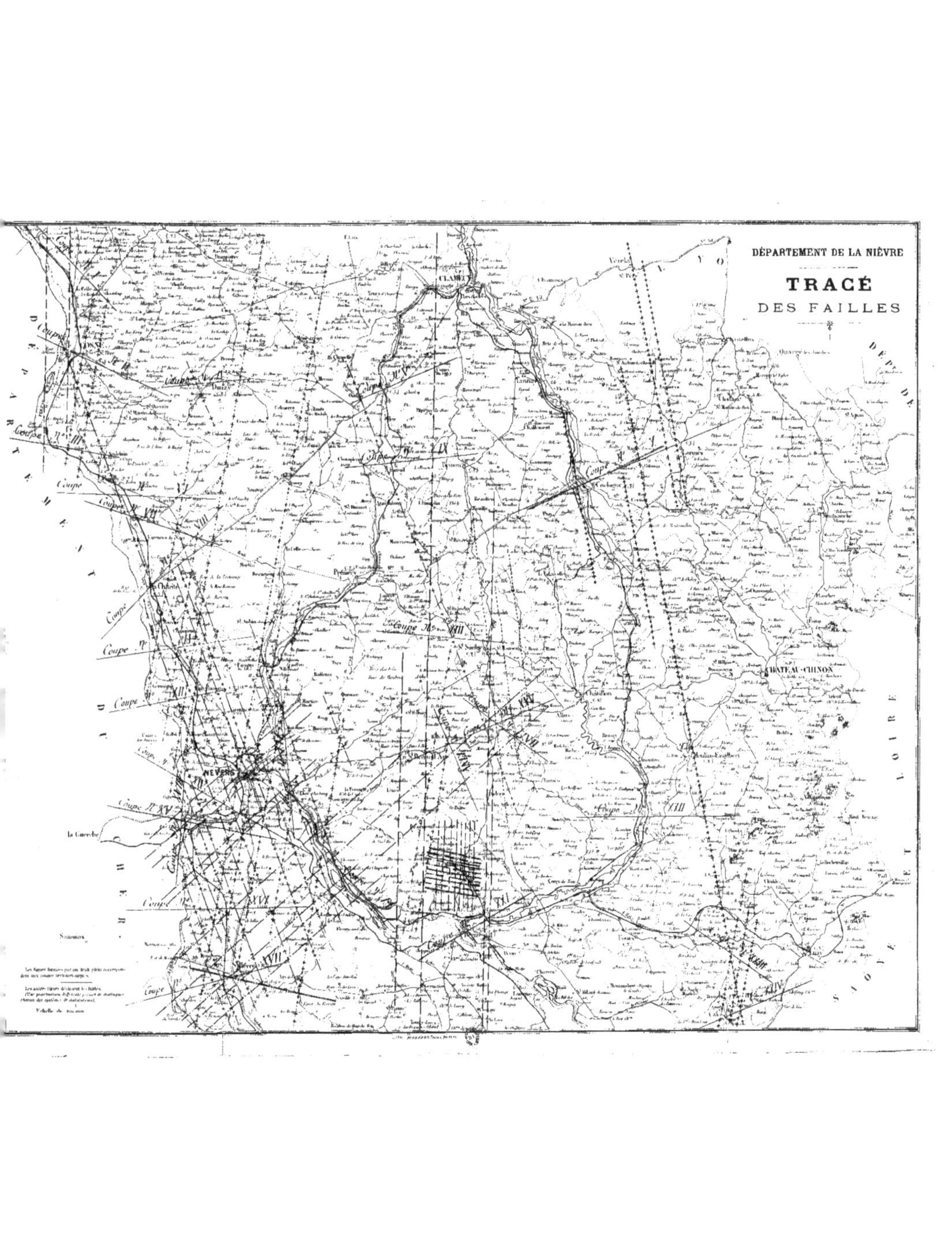
DÉPARTEMENT DE LA NIÈVRE
TRACÉ
DES FAILLES
NEVERS
CLAMECY
CHATEAU-CHINON

www.ingramcontent.com/pod-product-compliance
Ingram Content Group UK Ltd.
Pitfield, Milton Keynes, MK11 3LW, UK
UKHW021222230726
13926UKWH00003B/1186

9 782014 439250